衣领造型与裁剪

东华大学出版社

朱琴娟　王春燕　阎玉秀　著

全国服装工程专业（技术类）精品图书

纺织服装高等教育「十二五」部委级规划教材

图书在版编目(CIP)数据

衣领造型与裁剪/朱琴娟,王春燕,阎玉秀著. —上海:东华大学出版社，2014.6

ISBN 978-7-5669-0488-1

Ⅰ.①衣… Ⅱ.①朱… ②王… ③阎… Ⅲ.①衣领—造型设计②衣领—服装量裁 Ⅳ.①TS 941.3

中国版本图书馆CIP数据核字(2014)第073561号

责任编辑：徐建红

编辑助理：冀宏丽

封面设计：潘志远

衣领造型与裁剪

朱琴娟　王春燕　阎玉秀　著

出　　版：东华大学出版社(上海市延安西路1882号)

邮政编码：200051　电话：(021)62193056

出版社网址：http://www.dhupress.net

天猫旗舰店：http://dhdx.tmall.com

发　　行：新华书店上海发行所发行

印　　刷：苏州望电印刷有限公司

开　　本：787mm×1092mm　1/16　印张：10.75

字　　数：270千字

版　　次：2014年6月第1版

印　　次：2014年6月第1次印刷

书　　号：ISBN 978-7-5669-0488-1/TS·479

定　　价：29.00元

全国服装工程专业（技术类）精品图书编委会

郑小飞　杭州职业技术学院达利女装学院
侯东昱　河北科技大学纺织服装学院
高亦文　河南工程学院服装学院
吴　俊　华南农业大学艺术学院
闵　悦　江西服装学院服装设计分院
陈东升　闽江学院服装与艺术工程学院
杨佑国　南通大学纺织服装学院
史　慧　内蒙古工业大学轻工与纺织学院
孙　奕　山东工艺美术学院服装学院
王　婧　山东理工大学鲁泰纺织服装学院
朱琴娟　绍兴文理学院纺织服装学院
康　强　陕西工业职业技术学院服装艺术学院
苗　育　沈阳航空航天大学设计艺术学院
李晓蓉　四川大学轻纺与食品学院
傅菊芬　苏州大学应用技术学院
周　琴　苏州工艺美术职业技术学院服装工程系
王海燕　苏州经贸职业技术学院艺术系
王　允　泰山学院服装系
吴改红　太原理工大学轻纺工程与美术学院
陈明艳　温州大学美术与设计学院
吴国智　温州职业技术学院轻工系
吴秋英　五邑大学纺织服装学院
穆　红　无锡工艺职业技术学院服装工程系
肖爱民　新疆大学艺术设计学院
蒋红英　厦门理工学院设计艺术系
张福良　浙江纺织服装职业技术学院服装学院
鲍卫君　浙江理工大学服装学院
金蔚荭　浙江科技学院艺术分院
黄玉冰　浙江农林大学艺术设计学院
陈　洁　中国美术学院上海设计学院
刘冠斌　湖南工程学院纺织服装学院
李月丽　盐城工业职业技术学院艺术设计系
徐　仂　江西师范大学科技学院
金　丽　中国服装设计师协会技术委员会

前 言

领子的结构设计，除无领外，从立领到翻领，再到平贴领，其结构变化原理基本上是领上口折叠与切展从量变到质变的过程，而企领是立领和翻领的组合，驳领是立领或翻领和驳头的组合，所以整个领子的结构原理，其实都遵循立领结构原理。本书结构原理的叙述，均是从立领展开的，书中案例所配的结构图，基本上也是遵循立领结构原理设计的。

衣领造型的最终呈现的是服装面料、结构设计、工艺设计共同作用的结果。领子造型确定以后，选择面料、结构、工艺以期达到预期的效果，这个过程本身就是一个创作实践的过程。哪怕一个富有经验的结构设计师，对于一款新型的领子，也需要选择面料、试样制作、修正完善等过程。对于同样的结构纸样，选择不同的面料和工艺会产生完全不同的成衣造型效果。在教学过程中，总有学生反映，照抄书上的结构制图制作成衣，实际效果却跟书上画的效果完全不一样。鉴于此，本书所有的案例效果图示，均采用实物照片图示，只有选择类似实物效果图的面料才会有类似的成衣领型效果。案例中提供的领子结构图，大多经历了用类似面料进行实物验证的过程：根据领子结构设计原理设计纸样→选择类似面料制成实物领子→在人台上试穿并与效果图比较→修正纸样至目标效果→记录修正后的结构图。而且在所示的结构图中，与领子内在结构无关的外轮廓造型的数据一般都尽量避免标注，因为领子外型的设计是可以随意选择的，感觉接近效果就可以，要不然会捆住初学者的手脚。学结构一定要把结构变化的原理搞通并能在实际中应用，千变万化的服装款式对应千变万化的结构数据，服装款式是可变化的，服装结构数据也是可变化的。

从平面裁剪到服装造型，是一个从平面纸样到立体成衣转换的过程，服装结构设计技术的掌握，没有捷径可行，只有根据结构设计原理，不断从平面到立体进行实践检验，再从立体回归平面分析修正，在反复实践中才能更深切地理解服装结构设计的变化原理，才能在实际操作中得心应手地利用结构设计原理进行设计。理论和实践永远都是相辅相成的，理论用来指导实践，实践用来验证理论。

戴淑娇、徐蓉蓉、黄英老师参与了本书的编写，崔萍、叶巧巧、罗琳斌、陈跃荣、王伟全、叶兄来等分别就立领、企领、翻领、驳领、帽领、无领等做了大量实证实验，以保证所配结构图真实可靠。在此一并表示感谢。

本人在多年生产和教学实践中积累了一些领子结构设计方面的体会，但要把它严谨而规范地表达出来却并非易事。同时由于第一次编写书稿，经验不足，时间仓促，错误和疏漏之处在所难免，敬请专家、同行和读者批评指正，不胜感激！

朱琴娟

目 录

第一章 概述

领子装在领窝上形成独特的造型装饰效果，它是服装上最重要的结构之一。尽管领型式样千变万化，但都可以归纳为无领领型、立领、企领、翻领、驳领和其他领型几大类别。不同的领型反映出不同的风格特征，如：无领领型显得简单、大方；立领显得端庄、稳重；企领显得严谨、干练；翻领显得随意而富于变化；驳领则显得庄重、沉着。

领子结构设计要根据领子款式的类别来选择结构设计的方法。无领类领型可直接在前后衣片的领窝上进行领口造型的设计。立领、企领、翻领类的领子虽然款式变化丰富，但其结构原理都遵循立领变化原理，不管领子采用脱离衣片进行独立设计，还是依据前后衣片的纸样进行设计，最终的变化原理即领上口切展领底线下曲和领上口折叠领底线起翘而已。驳领类领子是由翻领或立领和驳领组成的，翻领和立领部分的结构变化也遵循立领变化原理，而驳领因有前衣片翻折而成，故驳领的设计一般依赖衣片进行设计。在驳领设计中有一类翻折线形态为曲线的，其结构设计方法可统一采用翻领的结构设计方法。

第一节　领型分类

领子是影响服装外观和美感最关键的部位之一，领型式样千变万化，了解衣领的分类是衣领结构设计的基础。

一、按衣领构成分

（1）无领型领：也称领口领，只有领窝，没有领子，直接用领窝线形状作为领口造型的一类领型，根据其穿脱方式，又可分为贯头式和开襟式，如图 1–1–1（a）所示。

（2）有领型领：缝合在领窝弧线上或在前后衣身上直接造型的各种领子的统称，如图 1–1–1（b）所示。

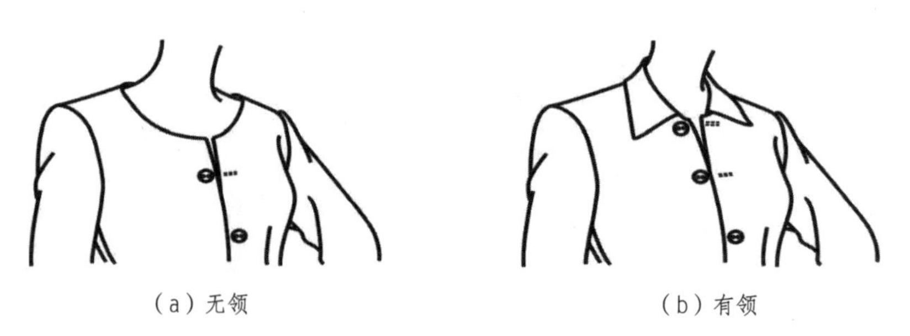

（a）无领　　（b）有领

图1–1–1　按衣领构成分

二、按衣领穿着状态分

（1）开门领：第一粒扣位较低，穿着时靠近颈部的前胸部位以及颈部呈敞开状态，如图 1–1–2（a）所示。

（2）关门领：第一粒扣位靠近领窝点，穿着时呈关闭状态，如图 1–1–2（b）所示。

（a）开门领

（b）关门领

图1–1–2　按衣领穿着状态分

三、按衣领外观形态分

（1）立领：围绕颈部呈竖立状的领型，如图 1–1–3（a）所示。

（2）翻领：领面和领座以翻折线为界，领面可沿翻折线翻折下来覆盖领座的领子，如图 1–1–3（b）所示。

（3）企领：立领作为内领，翻领作为外领的组合式领子，如图 1–1–3（c）所示。

（4）驳领：由翻领或立领和驳头组合而成的一类领型，有翻驳领和立驳领之分，如图 1–1–3（d）所示。

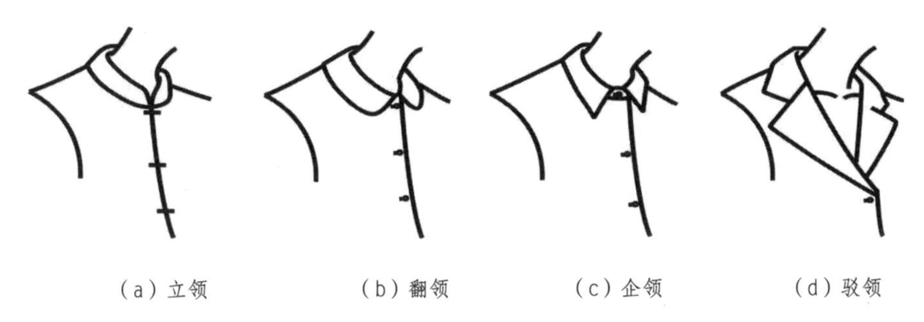

（a）立领　（b）翻领　（c）企领　（d）驳领

图1–1–3　按衣领的外观形态分

四、花式领

包括垂褶领、波浪领、系带领、帽领等，有别于前几种基本领型，是通过各种处理手法制成的具有特殊效果的领型，如图 1–1–4 所示。

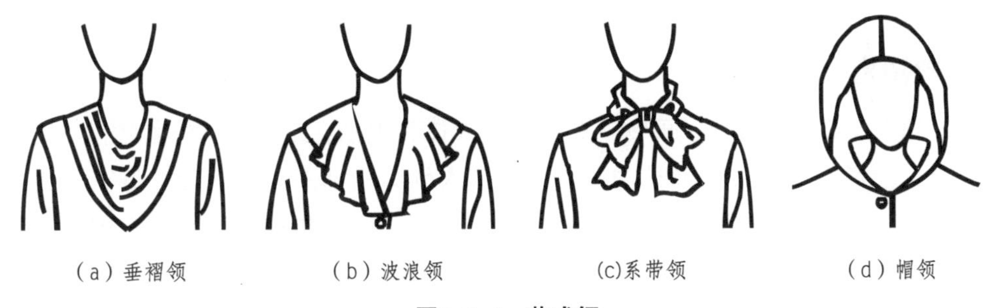

（a）垂褶领　（b）波浪领　(c)系带领　（d）帽领

图1–1–4　花式领

第二节　衣领结构设计要素

衣领的结构设计涉及到衣身领窝、衣领领座、衣领翻领和与衣身相连的驳头结构等设计元素。

一、衣身领窝

衣身领窝结构是构成衣领的基础，是安装领子和无领领口造型的重要部位。

二、衣领领座

衣领领座，是企领结构中单独构成内领或与翻领连成一体呈竖立状态的底领部分，也可是单独形成领子的立领结构。领座高低是影响衣领内在结构的关键因素之一。

三、衣领翻领

衣领翻领，是与领座缝合或与领座连裁成一体的领子并覆盖领座翻折在外的部分。翻领宽度及翻领外口造型也是影响衣领结构设计的重要因素。

四、驳头

驳头是与衣身相连，且翻折在外的衣身门襟上部。驳头造型、驳头宽窄以及驳折线的曲直形态都将影响衣领结构设计。

第三节　基础领窝结构

一、基础领窝

基础领窝，即原型领窝，原型领围线紧贴人体颈根围，经过人体的前颈点、侧颈点、后颈椎点，是所有衣领结构设计的基础，任何衣领结构都需在其基础上进行变化设计，领窝弧线的长度与形态是由横开领和直开领决定的，制图方法如图 1-1-5 所示。

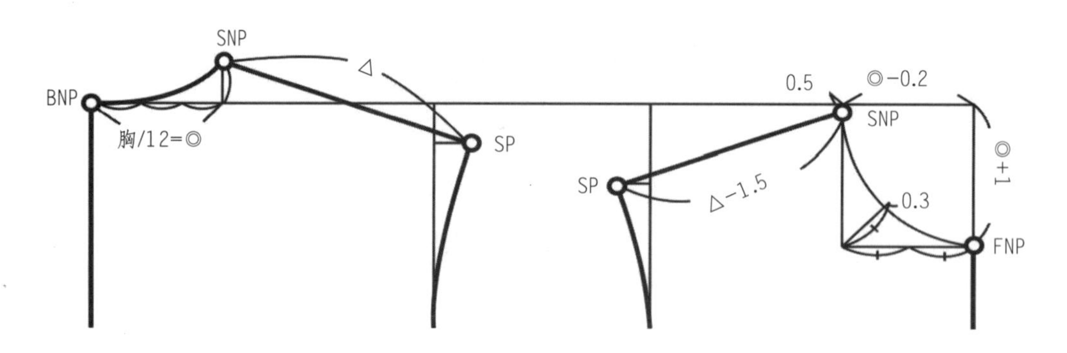

图1-1-5　原型领口

二、领窝结构及结构线名称

（1）横开领：指领口水平开宽量比较大的领型。后横开领一般取 B/12, 而前横开领则等于后横开领-0.2cm 左右，在实际设计领子结构时，一般情况都需在原型领窝的基础上开大横开领,横开领的开宽量决定领子在侧颈点离开颈部的程度,如图 1-1-6 所示。

（2）直开领：指领口的垂直开深量。原型后直开领 = 后横开领 /3，前直开领 = 后横开领 +1cm, 这是满足人体颈部前倾的需要。直开领的深浅直接影响领子的结构设计，同时也对最终的领子造型产生影响。

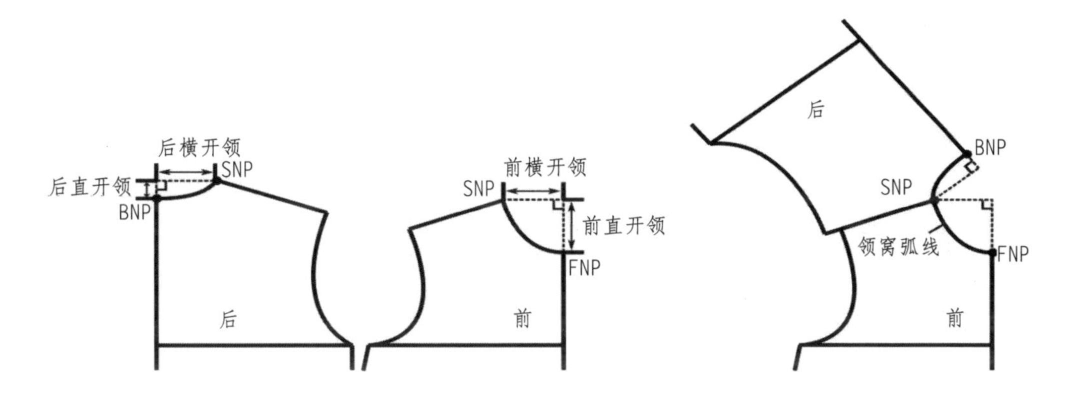

图1-1-6　领窝结构线名称

第二章
无　领

无领型领，是指在衣身前后领窝弧线上不另加领片，直接利用前后衣片的领窝线的形状或变化领窝线的形状来作为领口造型的一类领型。无领虽然是领子结构中最简单的一种形式，但其结构设计既要符合形式美的法则，又要满足人体曲面凹凸的贴合要求，因此无领领口的结构设计并不如想象的那么简单。

第一节　无领结构原理

一、基础领窝与无领结构关系

基础领窝，即原型领窝，其结构绘制在第一章中已作介绍，由原型领窝获得的领口线紧贴人体颈根围，经过人体的前颈点、侧颈点、后颈椎点，是所有衣领结构设计的基础，任何衣领结构都需在其基础上进行变化设计，无领结构当然也不例外。基础领窝纸样以及制成的无领成衣效果如图 2-1-1 所示，由此可见基础领窝的领口已是紧贴颈根围的最小尺寸，一般情况都需开大基础领窝，对于贯头式无领领型，如果前后中心都不

(a) 基础领窝正面

(b) 基础领窝背面

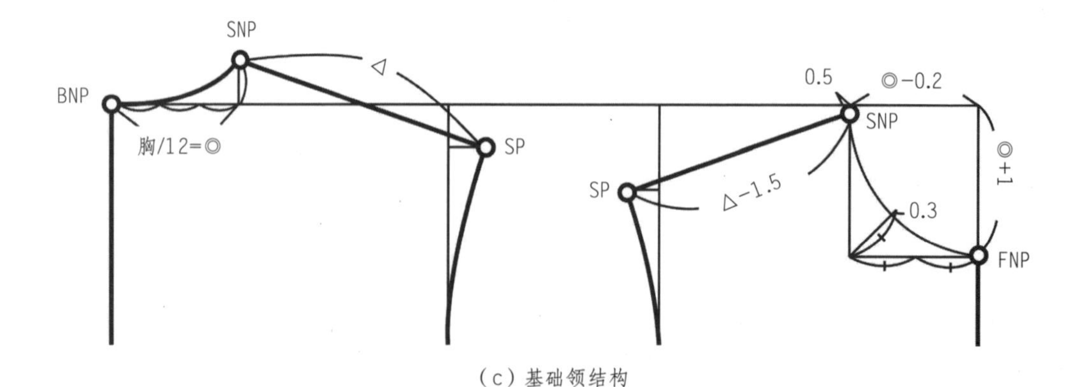

(c) 基础领结构

图2-1-1　基础领窝成衣效果和结构制图

设开口，必须将前后领口弧线的总长加大至大于头围。根据实践，无领领窝弧长、领宽、领深之间存在着一定的制约关系，一般前后横、直开领分别增加 0.2cm 时，领窝弧线的总长将增加 1cm 左右。依据基础领窝纸样的 FNP、SNP、BNP 分别对应人体的前颈点、侧颈点、后颈椎点，对领口进行开宽开深处理。

二、领口采形与上衣造型的统一

（一）领口与上衣结构的造型分析

领口的采形就是选择领口的形状，通常是在无领的情况下进行的。领口采形的结构设计亦是一种以领围线的形态来显示美感的设计，其重点在于追求领线的自由变化和服装整体的完美结合。领围线是无领类的基础，从某种意义上讲，无领服装结构因其简单而比有领服装更难设计。因为凡有衣领的款式，有翻领的掩盖使大身领口不显眼；而无领款式，由于领围线一览无遗，使领围线四周稍有不平服大身就会直接暴露在外表。由此可知，领口采形的造型和结构的合理，与上装的成品质量和着装效果有着至关重要的影响。

领口采形设计在结构上虽然比较简单，但在人们的视觉中是比较敏感的。因此，在造型角度上，领口的采形与上装结构要符合形式美的和谐与统一；在定性的说法上，领口的合体结构要考虑到人体的侧颈点到肩点并不是一条直线，肩部锁骨部位是凹进去的，女性胸部有乳突等多方面综合考虑，才能避免一些常见弊病。

领口的采形既要使服装造型追求时尚的格调，避免不合时宜的暴露，又要以形式美法则作为指导，即和谐与多样性的统一。具体来说，在整体的分割结构中有直线和曲线，它们各自的性格显而易见，那么，领口的采形必须服从形式美中和谐与多样性统一的规律，使领口与衣片分割线的形式达到局部与整体的协调。此外，在衣片上进行直线或曲线分割时会产生不同的装饰效果，必须注意服装结构线对整体着装的效果。就领口来说，当采用直线分割衣片时配以直线构成的几何形领口，能够显出简洁的阳刚之气；相反服装整体结构采用曲线结构时，应配以曲线形领口，能够显出细腻柔和的造型风格；当直线、曲线组合分割并用时，应根据多样性统一的原则，处理好造型的主次关系，使整个设计具有鲜明的造型特色。当领口采用褶的处理时，会显得很随意，因为褶具有立体和动感的特征，它所显示的直线和曲线外部特征往往是不确定的，因此领口采形和做褶的形式没有直接的制约关系，但和分割线的形态有关。这些都仅仅是从领口形式要求考虑到的问题，若涉及到具体领口的采形程度，就需注意领口的合理性问题。

（二）领口采形的合理性

单纯领口结构采形的开深和扩展的比较简单，如图 2–1–2 所示，开深是以不过分暴露为原则，衣片领口开深范围较宽，最深前衣片可到胸围线以下，后衣片可至腰节线，如晚礼服。

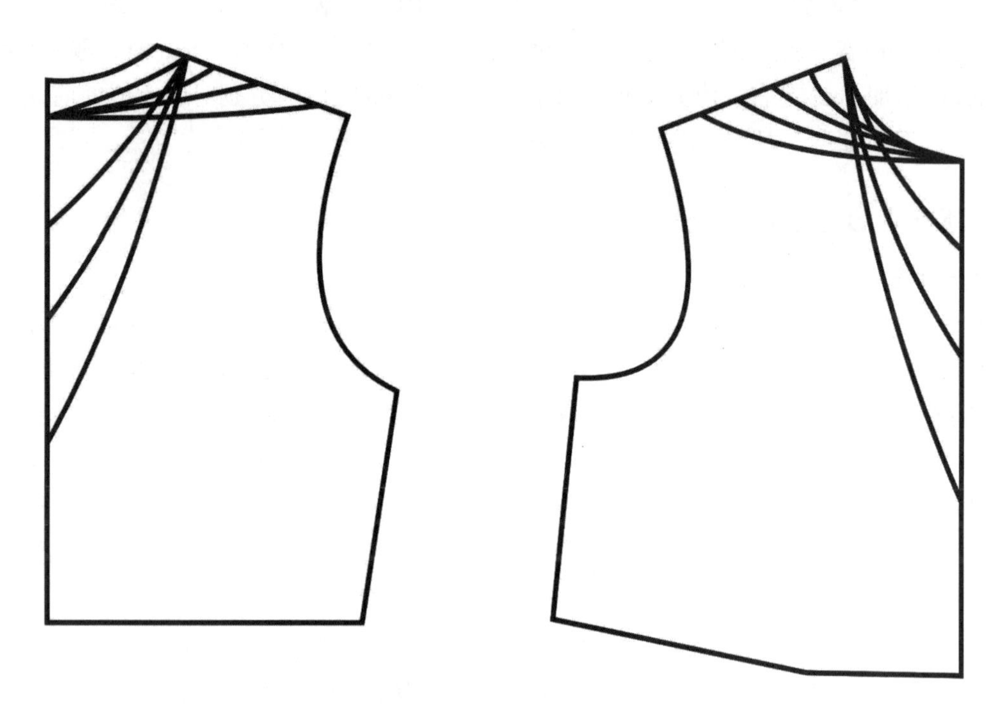

图2-1-2 领口采形图示

扩大领口以肩点作为极限，但特别值得注意的是，后领宽开度比前领宽开度适当加大时，会提高领口设计的品质，这是因为后领宽大于前领宽时，由于肩斜的向下牵制作用，前领口要随后领口尺寸变直、变紧，这样的结果，使前领口保持贴胸状态，采寸上可以控制在后领口宽大于前领口 0.5cm 左右，后领口与前领口的尺寸差量越大前领口贴得越紧，这要根据面料承受变形的程度而定。有时胸部以上全部暴露，领口也就不复存在了，华丽的晚礼服多采用这种结构，这时要用一种绝对紧胸的采寸方法使胸部固定。

基本纸样的领口表示领口的最小尺寸，从这个意义上说，当选择小于基本领窝的设计时，就缺乏合理性。但是，这不意味着领口线的设计不能高于基本领窝线，重要的是当选择这种设计时，要解决两个问题。一要适当扩展领口宽度（不宜过大）。如图 2-1-3 所示，一字领的设计，必须在增加标准领口宽度的基础上，才能把前领口提高。相反，开深领口的同时，才可能使领口变窄。这实际是在保持基础领口尺寸的互补关系。在不违背这个基本规律的前提下的领口设计都是合理的。二要充分认识领口变形时的立体结构。当基本领口上升程度较为明显时，其领口结构会发生质的变化，成为事实上的立领结构，但立领和衣片又没有分离，因此把这种结构形式叫做“原身出领”。从表面上看它还是一种紧领口的设计，但结构上大不相同。原身出领是在标准领口的基础上伸出一部分，伸出量较多时，这部分内容归为连身立领结构。

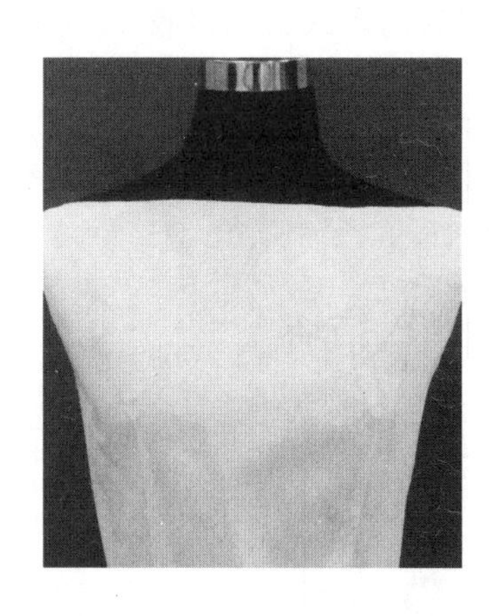

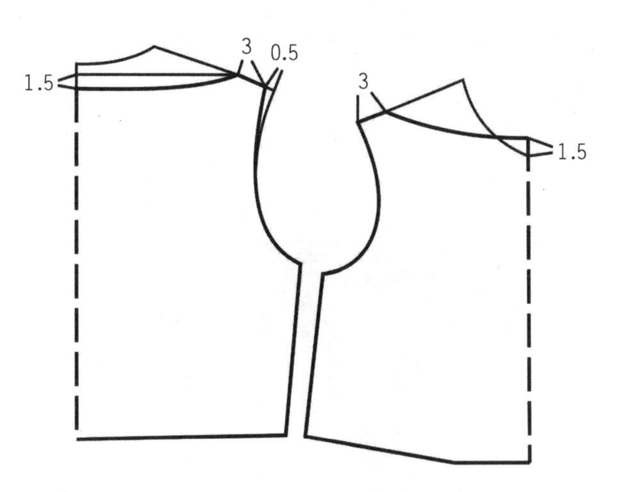

一字领领深较小，以领宽放大作为补偿

图2-1-3　一字领效果和结构图示

三、无领领深的变化

领深的加放变化可以说是不受限制的，但应注意，深度超过胸部的领线会形成衣片与人体不符的豁开现象，需采用紧身的结构，胸围放量在 8cm 以下，并且以省的形式收敛领线使其贴服。前后领深可同步变化，也可单独变化。为了不过分暴露，领围线应距胸高点 6~8cm 以上。如图 2-1-4 所示，在基础领窝上侧颈开大 5~6cm、前中心开落 16cm 时，必须在领口以省的形式收 1.5~2cm 以收敛领线使其贴服。

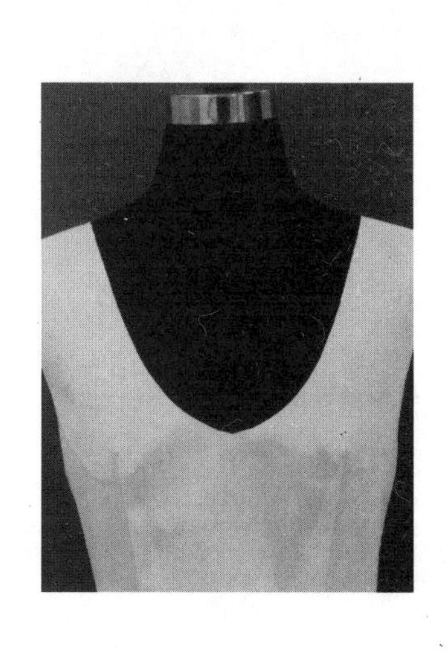

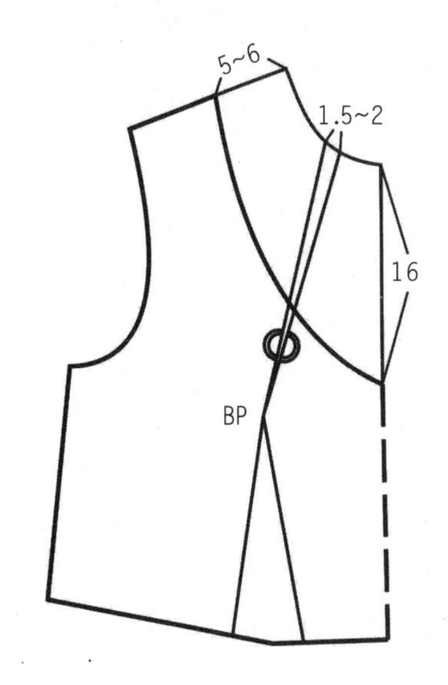

较大的圆领在领口处收1.5~2cm

图2-1-4　领窝开度较大时领口线收敛图示

如图 2-1-5 所示，当领深开落至胸围线以下时，必须以省的形式在领口收 1.5~2cm，在前中收 1~1.5cm 以收敛领线使其贴服。

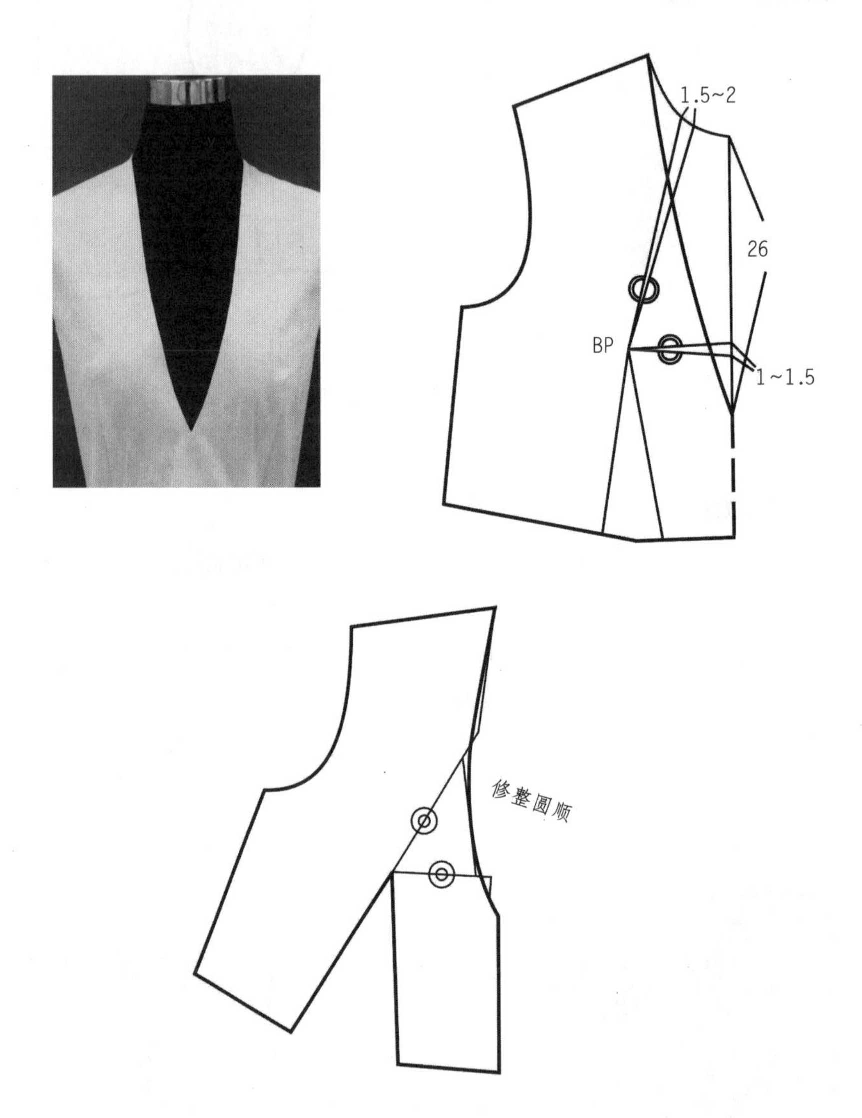

领深开落低于BL，在领口收1.5~2cm，在前中收1~1.5cm

图2-1-5　领窝开落至胸围线以下时领口线收敛图示

四、无领领宽的变化

前后领宽应同步变化，在后肩有肩省的情况下，前后领窝可在原型基础上加宽相同的量，如图 2-1-6 所示。

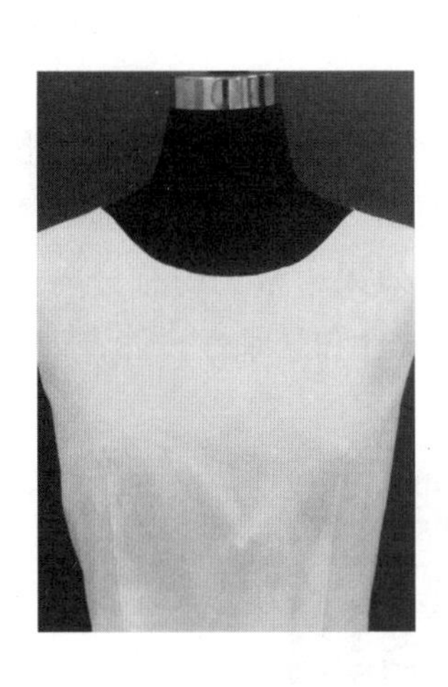

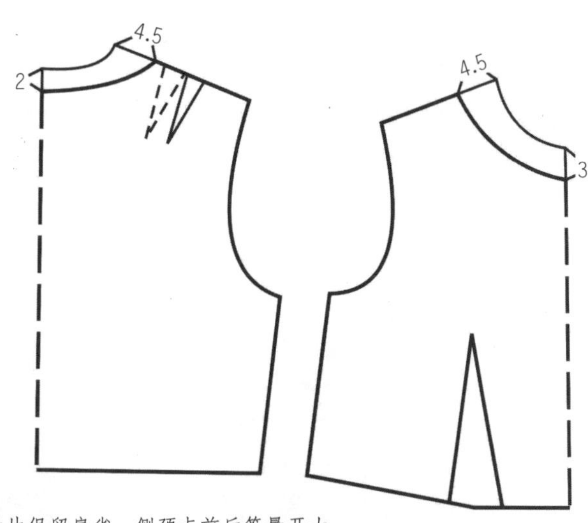

图2-1-6 保留肩省时领口开宽图示

领宽较大时，为了整体感常取消肩省，这时需按比例增大后横开领。如图 2-1-7 所示，当前横开领开大为 3/5 的前肩线长时，后横开领的开大必须在此基础上再追加 2/5 的后肩省量，同时还有 2/5 的后肩省量在肩外端处理。领宽变化中还应注意前后片在肩颈处的连接应光滑圆顺。

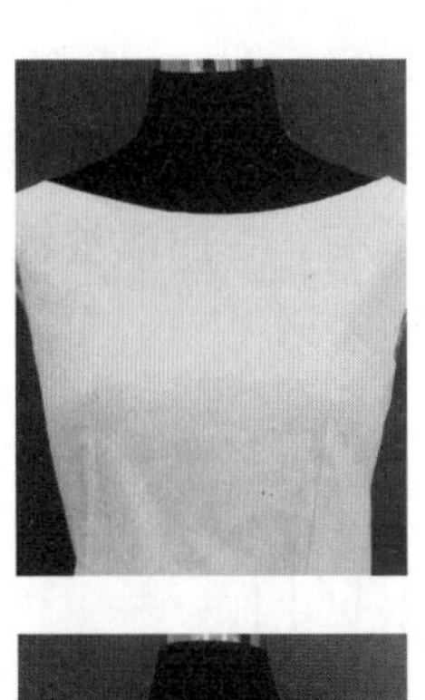

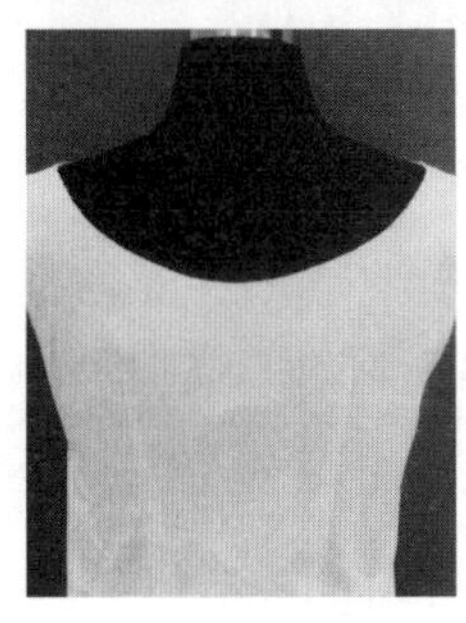

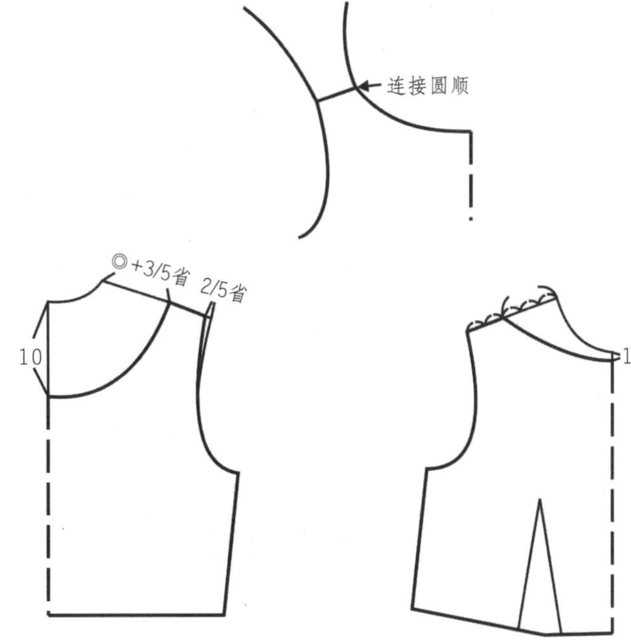

图2-1-7 取消肩省时领口开宽图示

五、无领领口形态的变化

通过对领口的切展，无领领口可以设计出丰富多变的形状。纵向切展领口可形成抽褶效果如图 2-1-8 所示，横向切展领口可形成垂褶效果如图 2-1-9 所示。垂褶领可在前肩线和前领中心切展增加褶量从而自然垂坠而形成垂褶效果，常见的有分离式垂褶领和连身式垂褶领两种，此类领子面料必须具有很好的柔软性和悬垂性。

图2-1-8 连身垂褶领效果图示

图2-1-9 连身抽褶领效果图示

（一）抽褶型无领结构

抽褶型无领是领口领与抽褶造型的组合结构，前领口处形成放射形皱褶，具有立体感和趣味性。

结构设计方法是按造型将基础领窝开大，可根据款式先将腰省转至领口做成一般的领口领。按造型显示的抽褶方向，在前衣身上做垂线，并沿垂线剪切拉展。如果剪切的方向沿袖窿方向，抽褶造型只影响前胸宽量，对胸围量无影响。若抽褶量较大，则剪切部位可沿伸至腰节，则胸围量要产生变化，造型当然会有所不同。

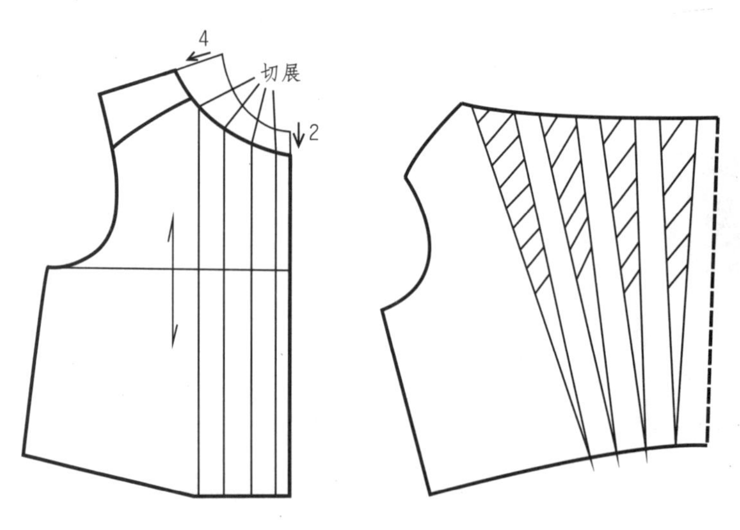

图2-1-10 抽褶领结构设计方法

（二）垂褶型无领结构

在领口的基础上加垂褶可形成垂褶型无领。如图 2-1-11（a）所示，首先将腰省转移至领口，作出领口基础图，图中 AB 弧即为预先设计的垂褶领的领口弧长。然后以 D 点为圆心和 AD+ 褶裥量为半径画弧，以 C 点为圆心和 BC+ 垂褶量为半径画弧，E 点为以 D 点为圆心作圆弧的切点，F 点为以 C 点为圆心作的圆弧的切点，连接 EF，取直线 EF=AB 弧，即构成垂褶型无领结构图。亦可如图 2-1-11（b）所示，将领口领基础图按垂褶造型剪切，拉展出褶裥量和垂褶数量，最后使 EF=AB 弧且与 CF 垂直，构成垂褶领口领结构图。注意垂褶领口领宜用 45° 的正斜材料。

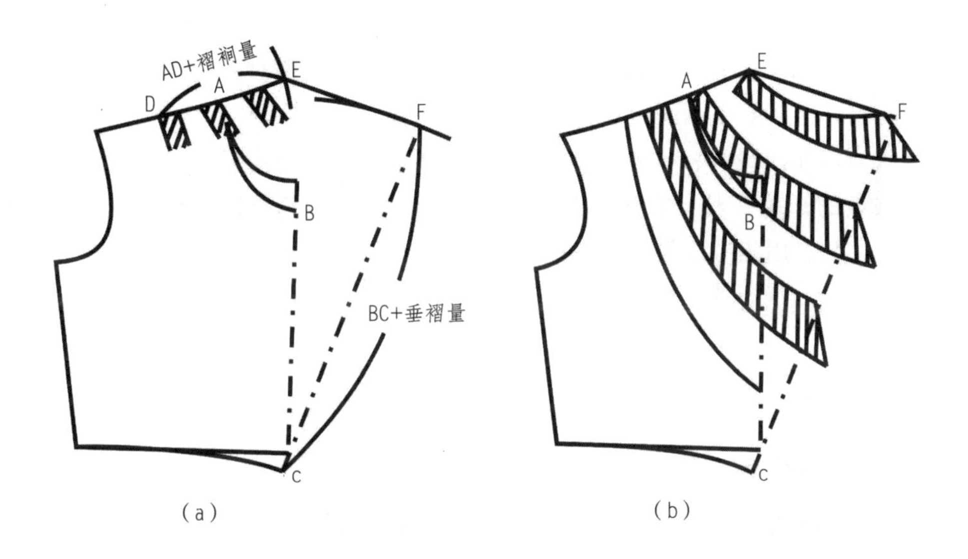

图2-1-11 垂褶领结构设计方法

无领并非是一种简单的除去领片的形式，而是以领围线的形态显示美感的设计，其重点在于追求领线的自由变化，以及与服装整体的完美结合。进行丰富的造型变化，在领宽、领深、线形特征等方面有充分发挥的余地。

思考题：

1. 简述无领基础领窝与人体的对应关系？
2. 无领领开宽时应考虑哪些因素？
3. 无领领深开落较大时应如何处理豁开现象？
4. 褶型无领结构设计的要领有哪些？

第二节　无领结构原理应用案例

一、弧线型无领结构设计

弧线型无领是领口线呈圆弧线形的无领总称，原型领口、小圆领、大圆领、一字领、U 形领、鸡心领、船形领等领口线呈弧线状态的领型均属弧线型无领。

弧线型无领制图要点：

（1）前领口弧线设计：审视效果图，确定前直开领下落量，侧颈点开宽量，通过此两点在前衣片上按效果图画出所需领口线的形状。

（2）后领口弧线设计：在保留后肩省的前提下，为保证前后领口大小一致，后横开领在侧颈点的开宽一般与前横开领取等值，后直开领的开深以对应侧颈点平衡为确定原则，通过两点用相应前领口弧线的形状画顺后领口弧线。

（3）前后领口拼合修正：为使前后衣片领口弧线光滑圆顺，需把前后片领窝拼合重新调整和修顺（参见第一节相关内容）。

弧线型无领结构设计具体应用案例如图 2-2-1 ~图 2-2-20 所示。

二、直线型无领结构设计

直线型无领是领口线形态为直线的方形领、V 形领的总称，同弧线型领口相比，直线型领口更具个性。

直线型无领制图要点：

（1）前领口结构线设计：审视效果图，确定前直开领下落量，侧颈点开宽量，在前衣片上按效果图画出领口的形状。

（2）后领口结构线设计：在保留后肩省的前提下，为保证前后领口大小一致，后横开领在侧颈点的开宽一般与前横开领取等值，后直开领的开深以对应侧颈点平衡美为确定原则，与前领口相应的形状画出后领口形状。

（3）前后领口拼合修正：为使前后衣片领口圆顺过渡，需把前后片领窝拼合重新调整画顺（参见第一节相关内容）。

直线型无领结构设计具体应用案例参见图 2-2-21 ~图 2-2-36。

三、褶型无领结构设计

褶型无领通过对领口的切展增加余量使成衣领子在领口形成褶型效果的无领。纵向切展领口形成抽褶效果，横向切展领口形成垂褶效果。

褶型无领制图要点：

（1）将基础领窝开至款式设计的领口大小。

（2）根据款式将腰省转至领口作为抽褶量或垂褶量。

（3）抽褶型无领按造型显示的抽褶方向，在前衣身上作斜线，并沿斜线剪切拉展抽褶量，垂褶型无领按造型显示的垂褶个数和垂褶大小，拉展出褶裥量（参见图 2-1-10）和垂褶数量（参见图 2-1-11）。

（4）修顺领口结构线

褶型无领结构设计具体应用案例如图 2-2-36 ~图 2-2-41 所示。

款式接近一字领，横开领加大处理。前中、后中也做开落处理，根据款式画顺领口线。

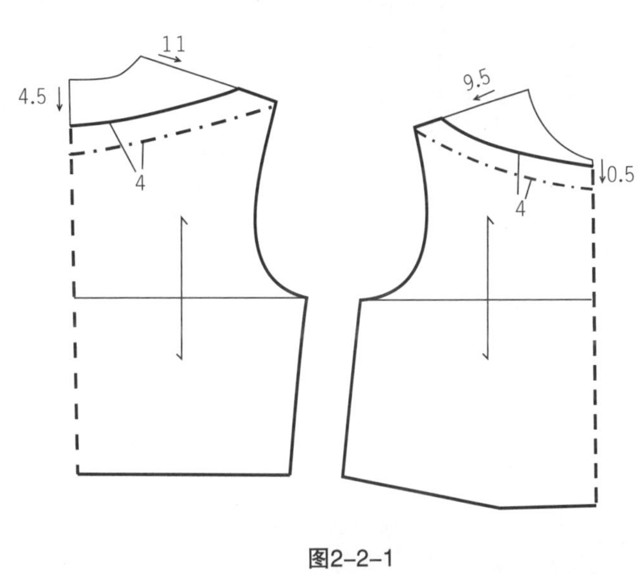

图2-2-1

原型肩端留 1.5cm 左右肩线。前中、后中根据造型开落处理，画顺领口线造型。

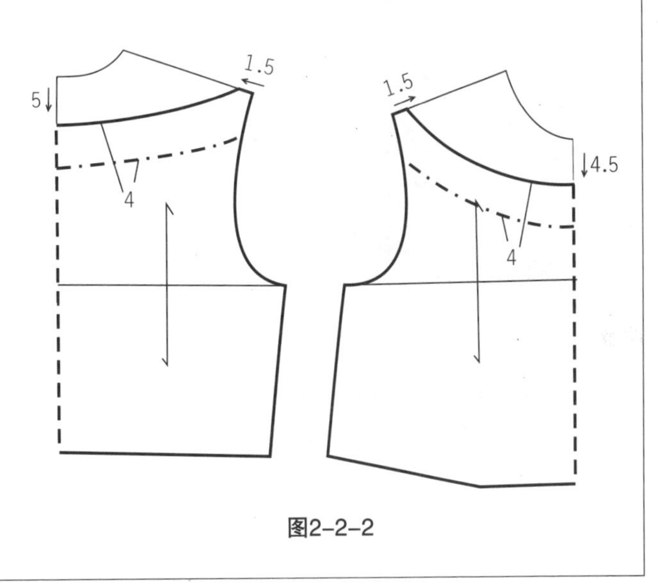

图2-2-2

原身出领型无领。侧颈点离SNP点2.5cm处起弧向上1cm处止。前中、后中也根据造型略向上，画顺领口造型。

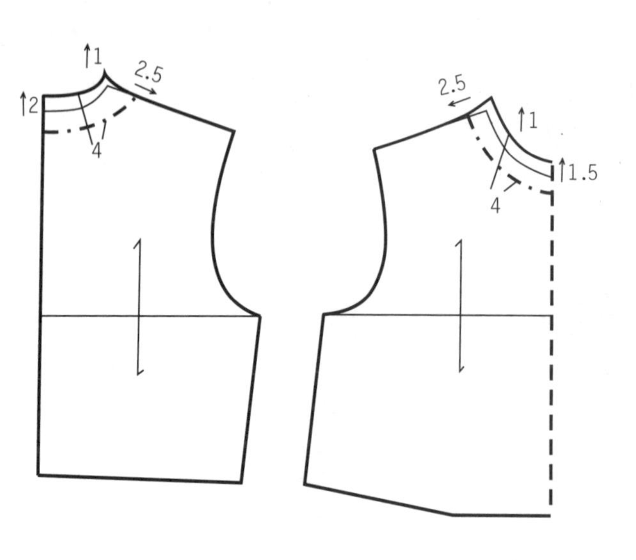

图2-2-3

原身出领型无领。侧颈向上0.5cm并比基础领窝小。前中、后中略抬高，画顺领口线。

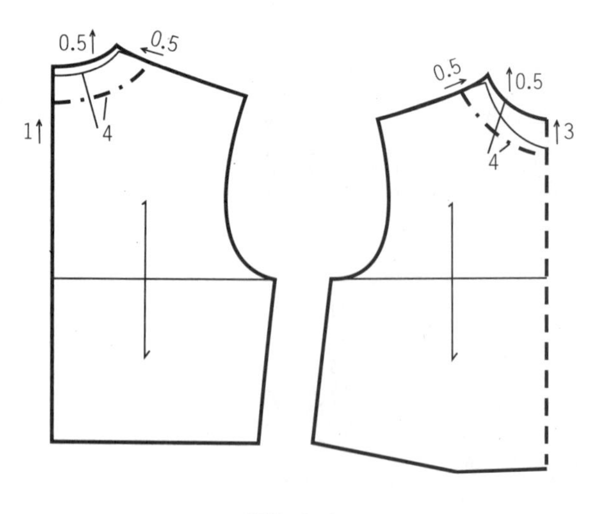

图2-2-4

根据结构图，横开领开大2cm。前中抬高2.5cm，画顺领口线。

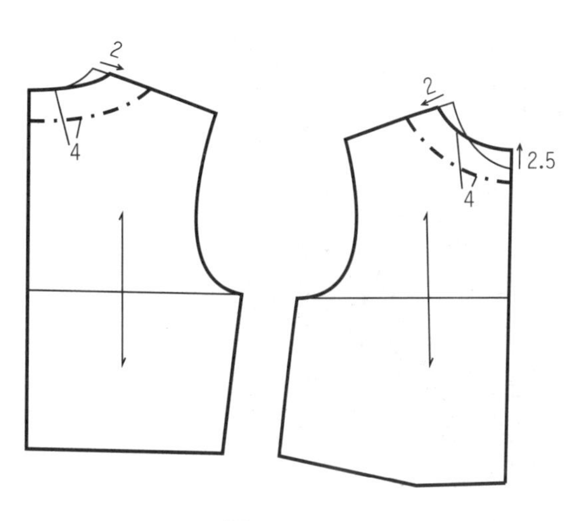

图2-2-5

横开领开宽4cm，前中、后中略开落，按效果图画顺领口线造型。

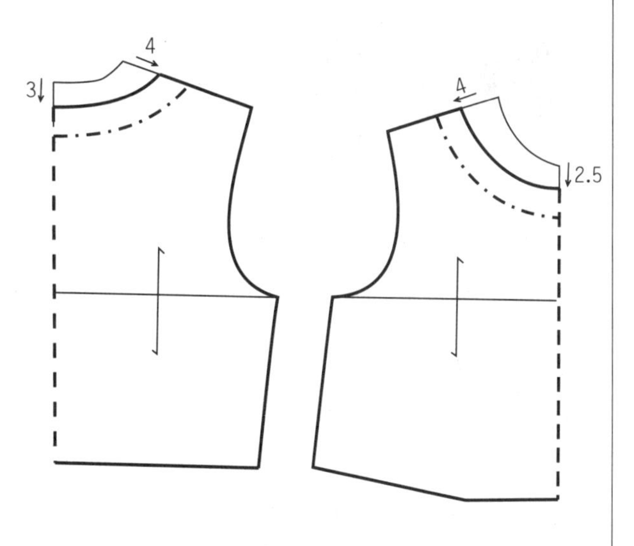

图2-2-6

横开领略开大。前领口根据造型画顺领口线。

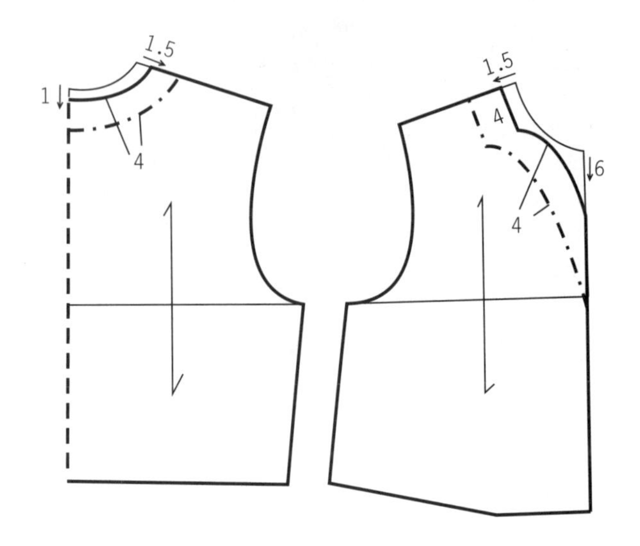

图2-2-7

审视效果，横开领开大4cm。前中、后中开落，画顺领口线造型。

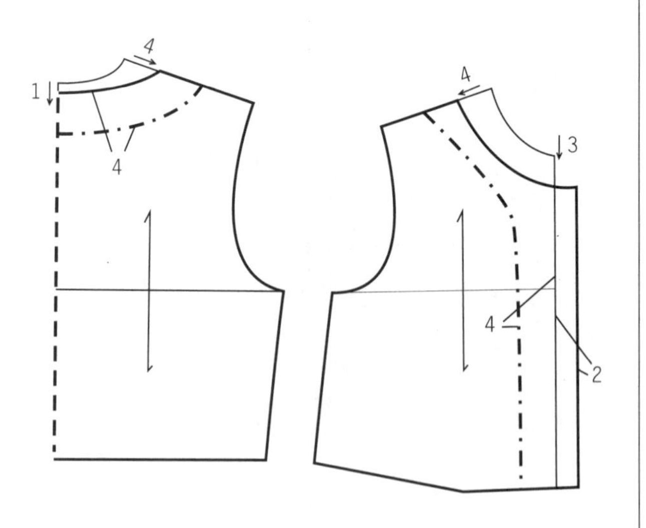

图2-2-8

横开领较大，开大3cm。前直开领量较大，开深12.5cm，画顺领口线。

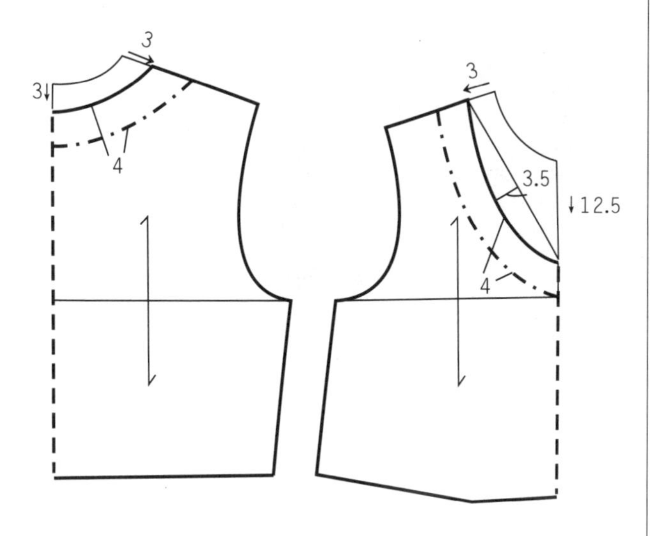

图2-2-9

领口略开大处理。衣身为不对称造型，肩线处设搭门量。

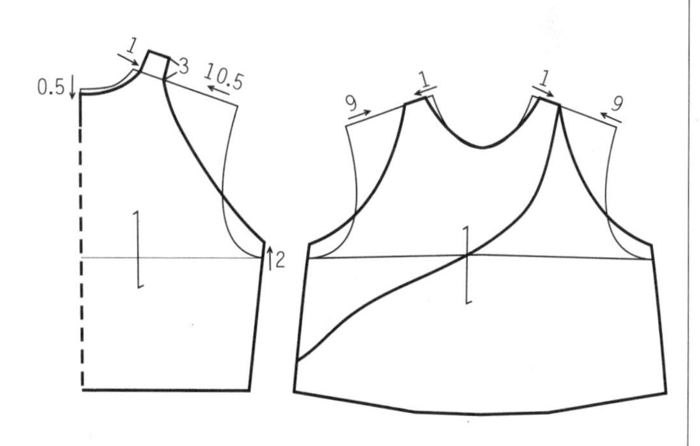

图2-2-10

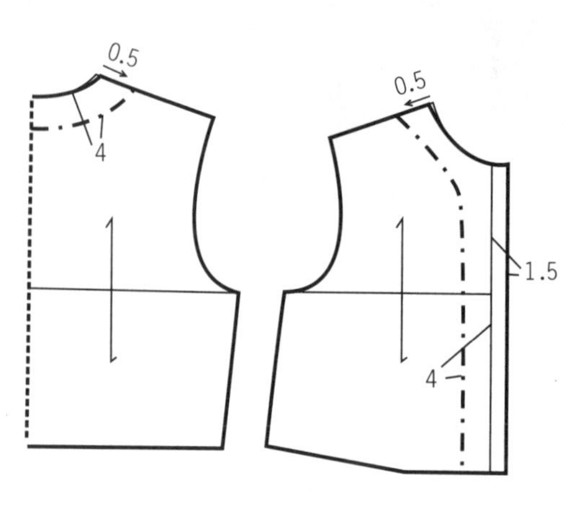

横开领略开大0.5~1cm，圆弧线领窝接近基础领窝。

图2-2-11

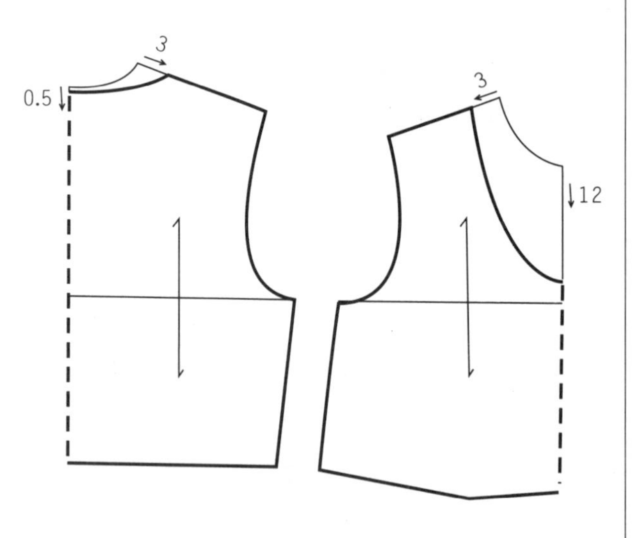

横开领开大3~4cm。前中、后中开落，画顺领口造型。领口采用密线形包缝，不做领贴边。

图2-2-12

横开领较大，可开大4~5cm。前中开落至胸围线下5cm，前领口根据造型画出领口线。

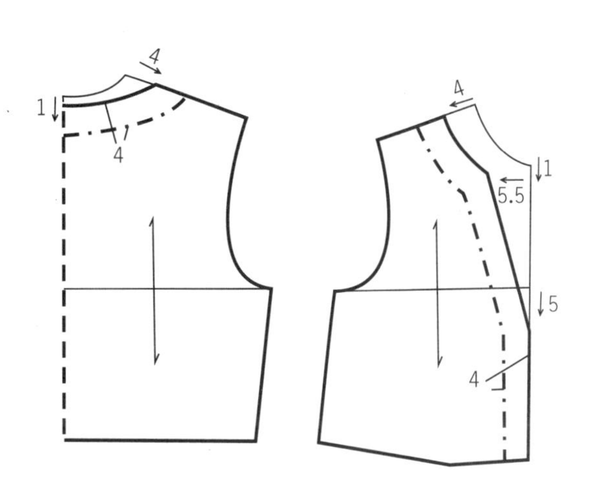

图2-2-13

横开领较大，开大3~4cm。直开领前中做凹缺处理，领口用织带缉压处理。

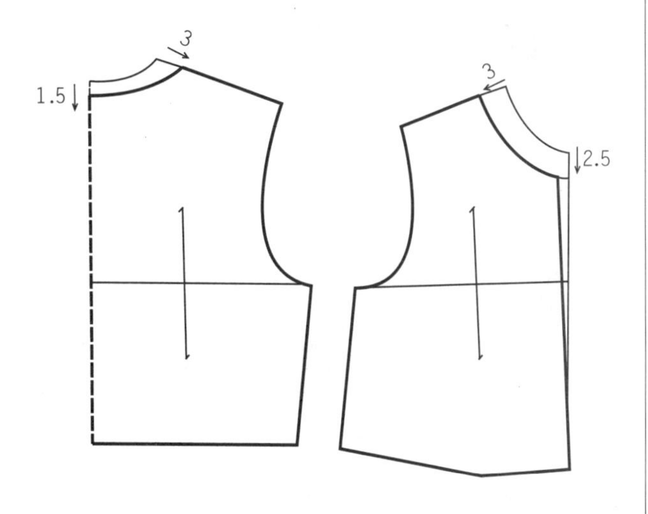

图2-2-14

侧颈开宽 2cm，前中开落 4cm，后中开落 7cm，按造型画出领口线。

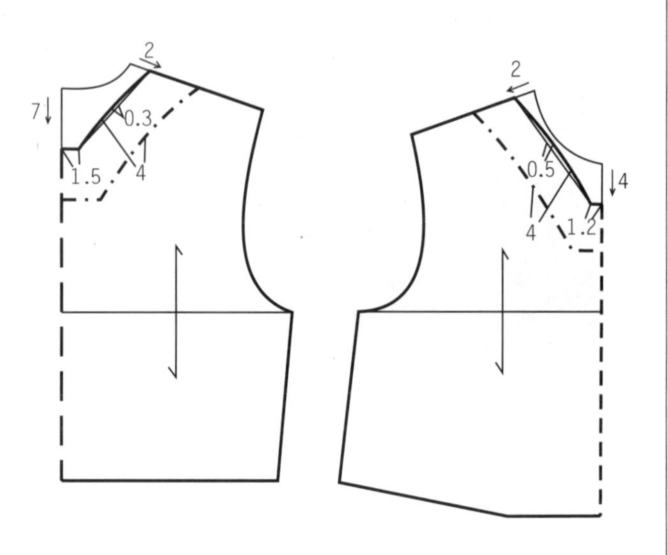

图2-2-15

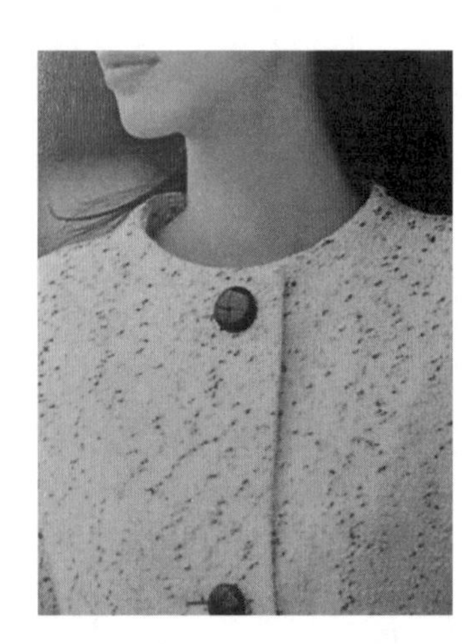

原身出领，离侧颈 4cm 处慢慢起弧至侧颈上升 1.5cm 止，前中上升 0.5cm，后中升高 2.5cm。

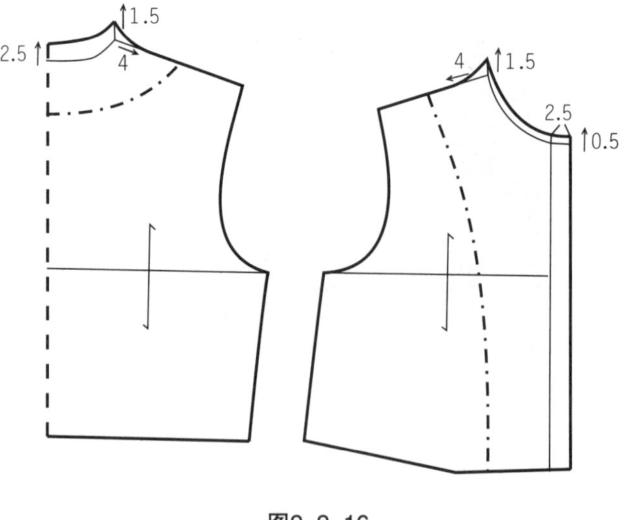

图2-2-16

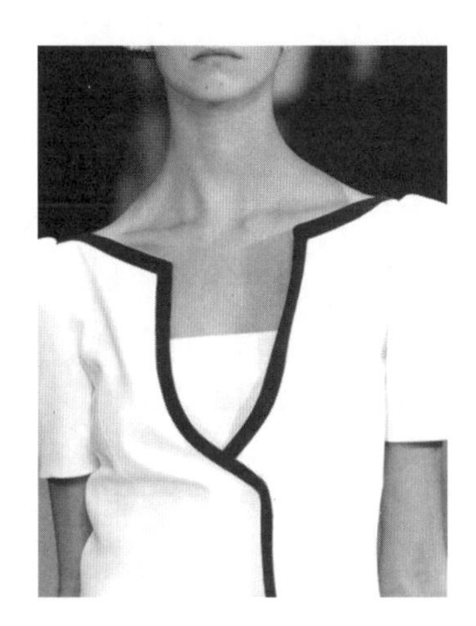

横开领开宽较大，前中开落至胸围线下 9cm，按造型画出领口线。

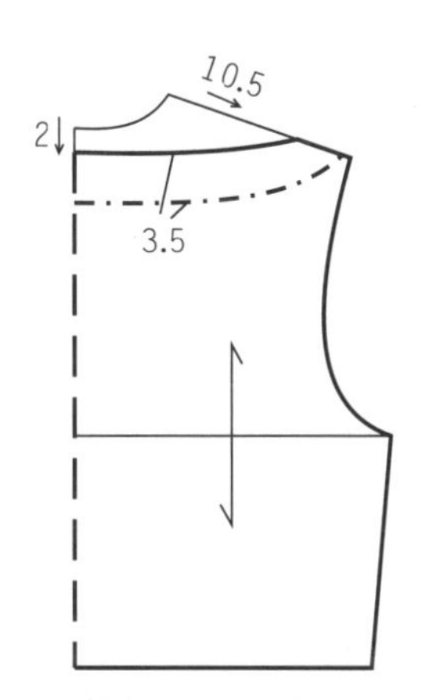

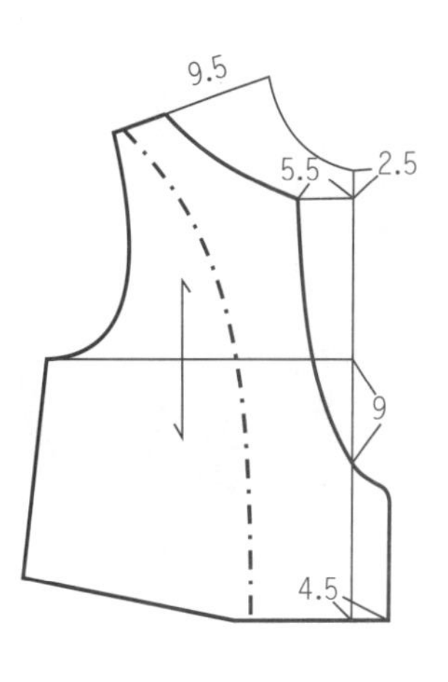

图2-2-17

横开领开宽 4cm，前直开领开落至胸围线下 5cm，按造型画出领口线。

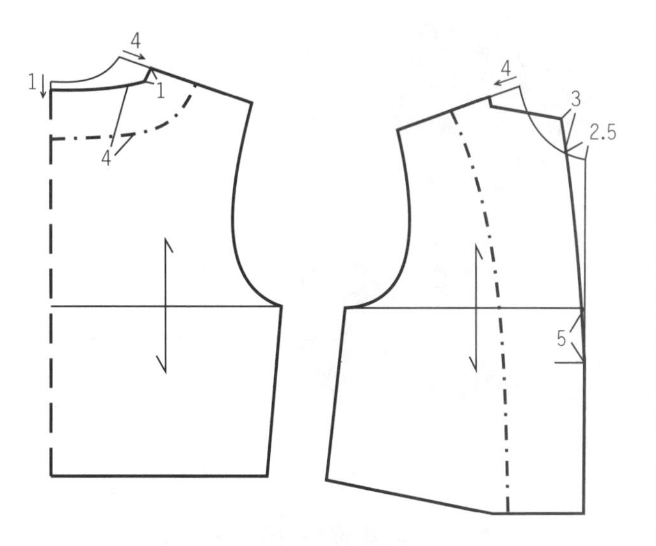

图2-2-18

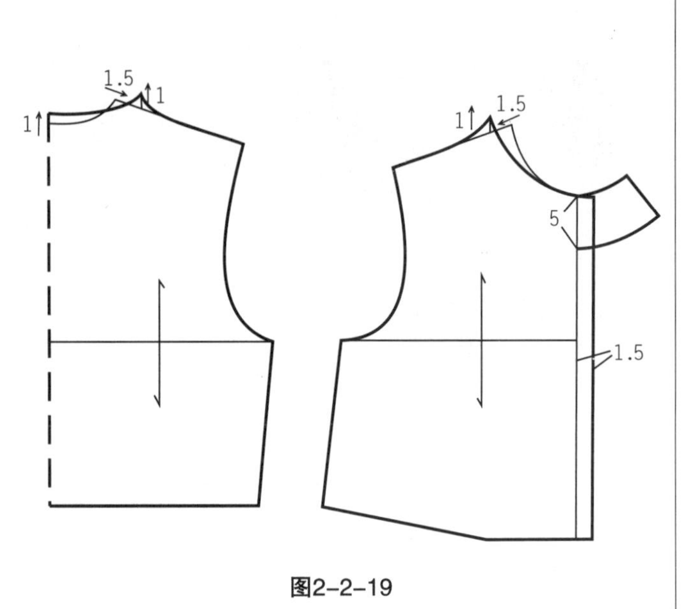

领窝略开宽，侧颈点离基础领窝SNP点4cm处开始向上1cm止，后中心上升1cm，右衣身连领搭襻。

图2-2-19

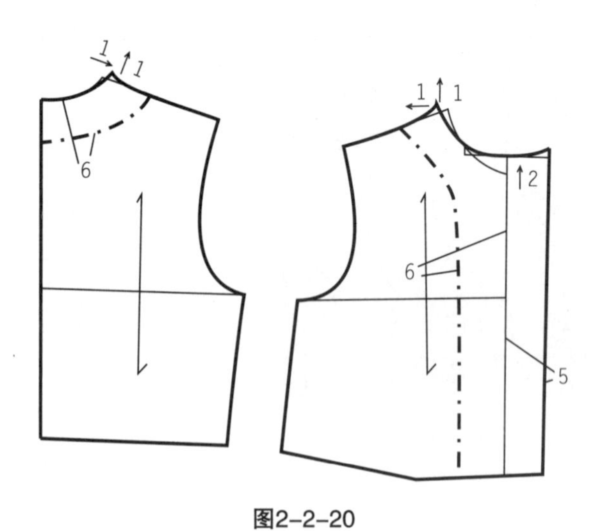

侧颈点离基础领窝SNP点1cm处开始向上原身出领。领口贴边与衣片挂面连为一体。

图2-2-20

在开大的后横开领里已包括了部分肩省，前领围线缝制时嵌直条，衣服衬里子。

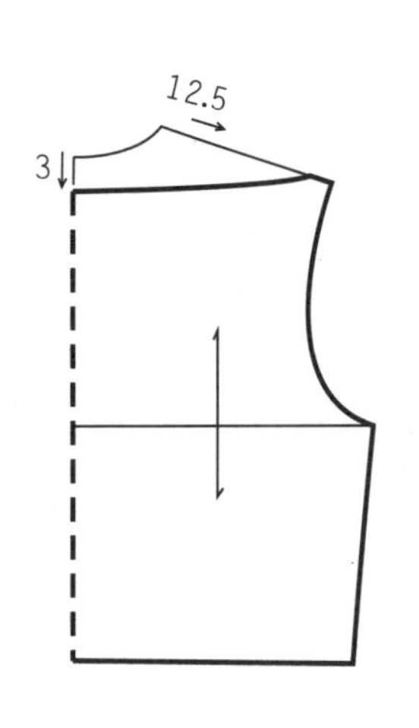

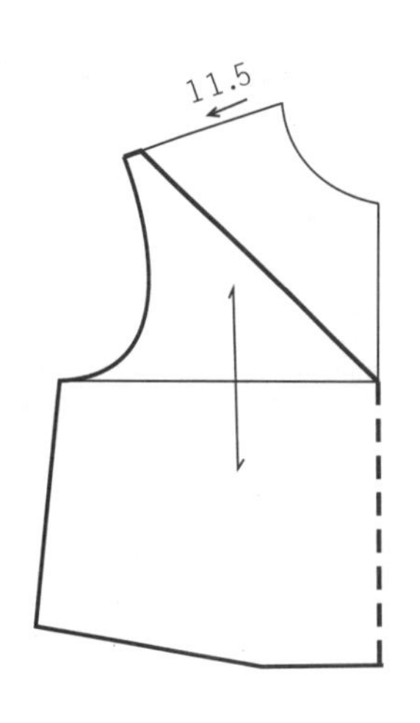

图2-2-21

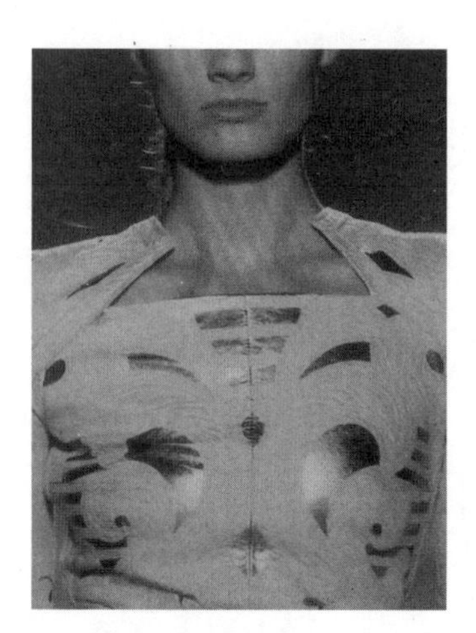

横开领略开大，前领口按效果图画顺造型线。

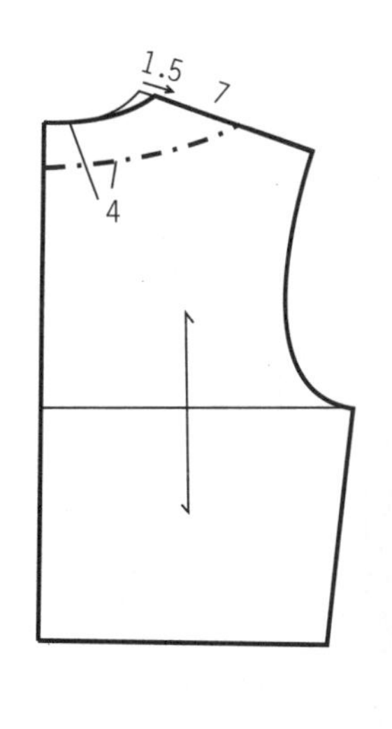

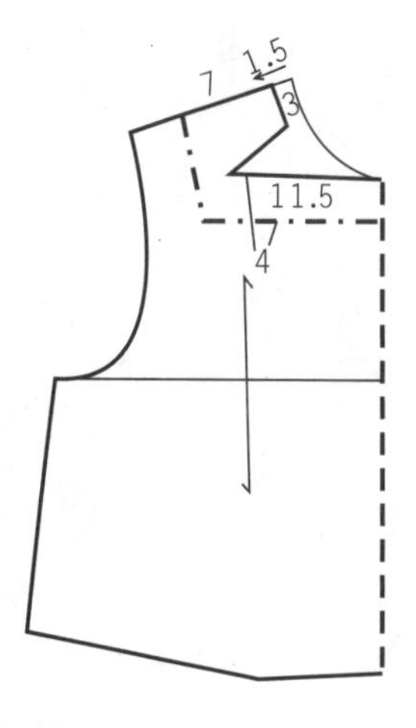

图2-2-22

前直开领开落至胸围线下，前领口线做收省转移处理。

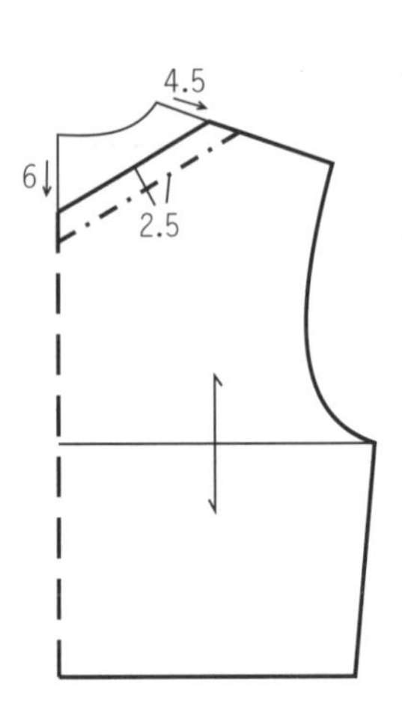

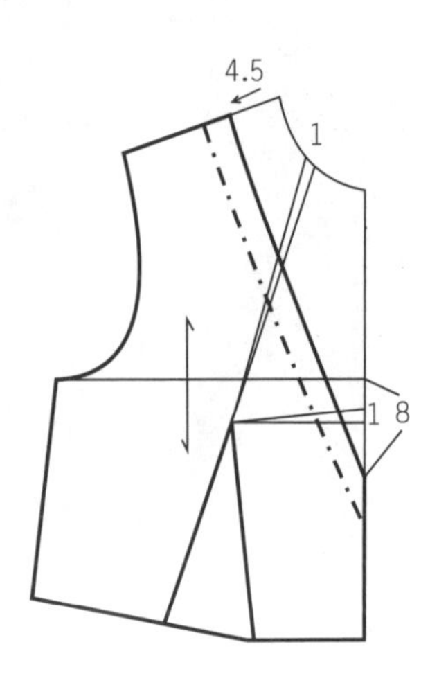

图2-2-23

前领口斜门襟处理，前肩线延伸至后颈中与后领围缉缝。

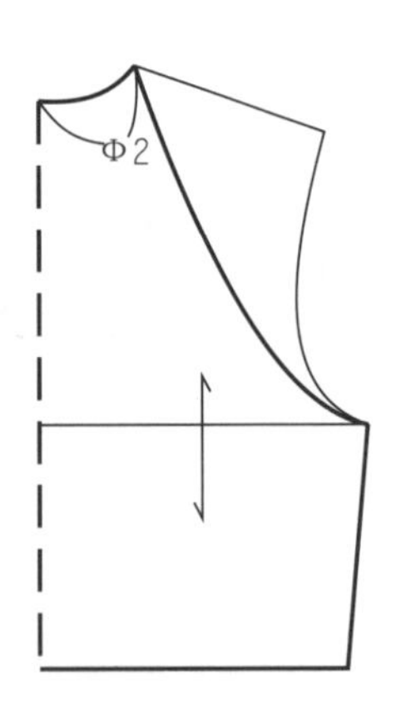

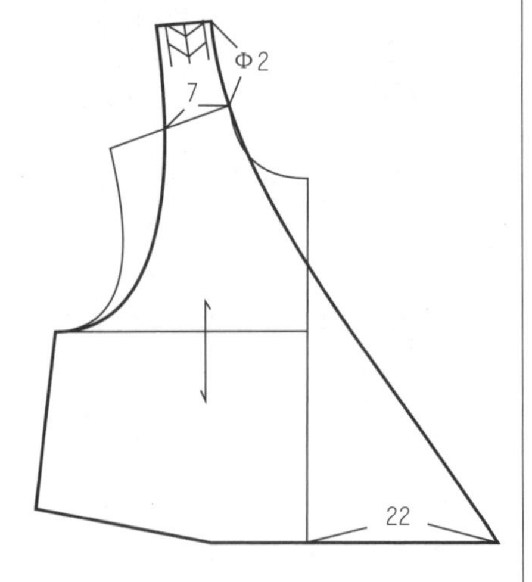

图2-2-24

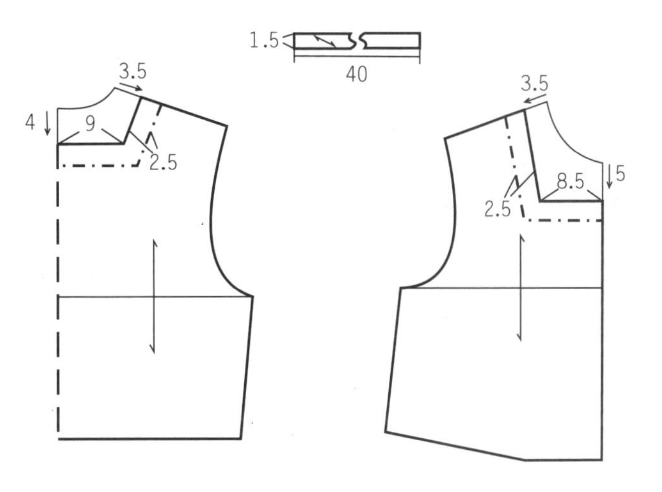

领窝做开大处理，前领口镶嵌斜条抽褶。

图2-2-25

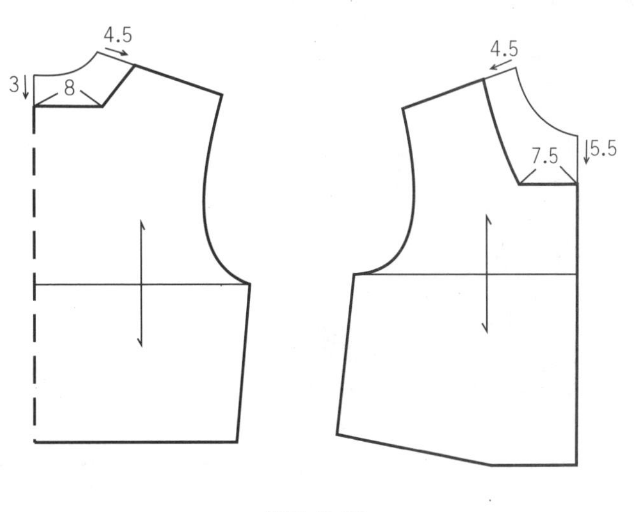

领口做开大处理，按效果图画顺领口造型线，领口用 45° 斜条包缝。

图2-2-26

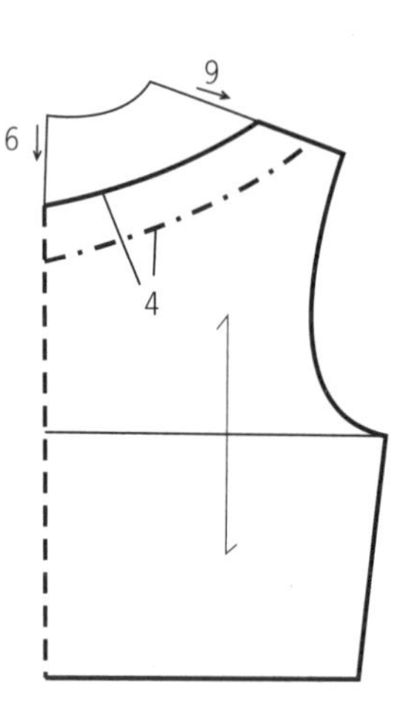

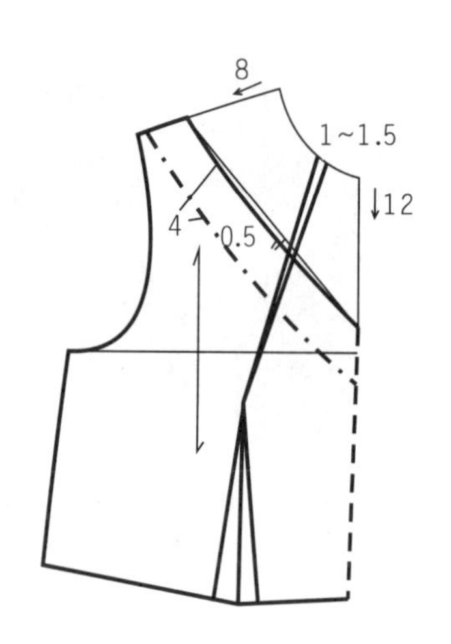

后横开领应包含后肩省，较前横开领略大，前领口线因靠近胸凸，需做收省转移处理。

图2-2-27

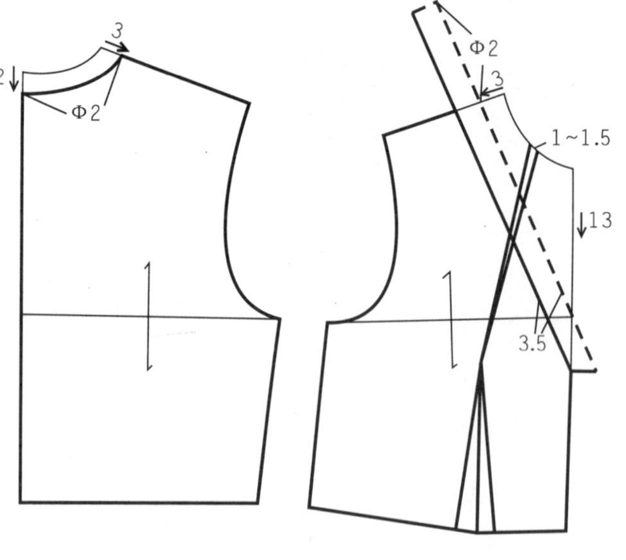

前直开领较大，前领口线因靠近胸凸，先做收省转移处理。

图2-2-28

侧颈点略向上起弧，前直开领较大，需做收省转移处理。

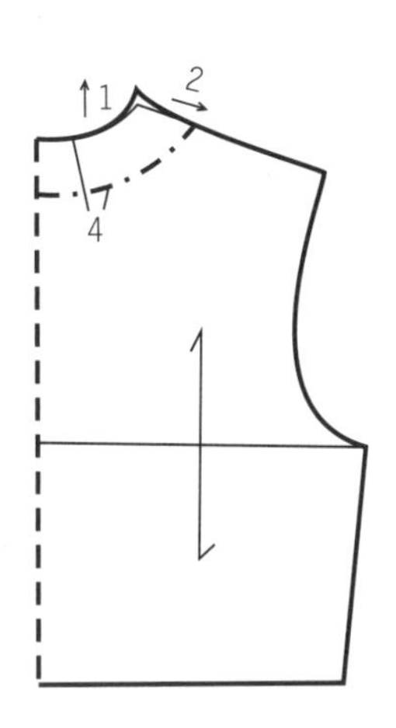

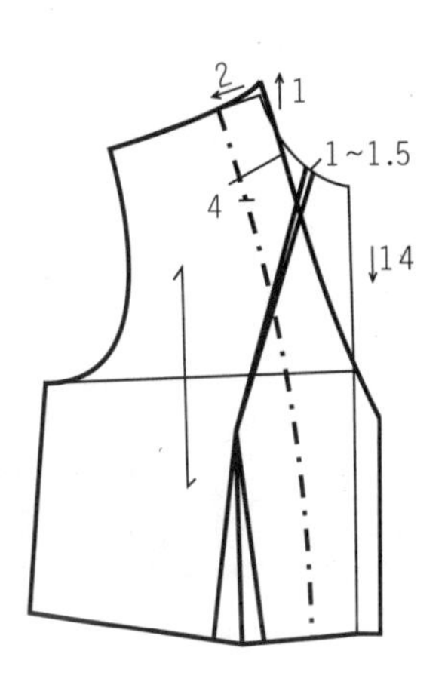

图2-2-29

左右门襟不对称，外门襟在前领口应略高于内门襟，以盖住内门襟。

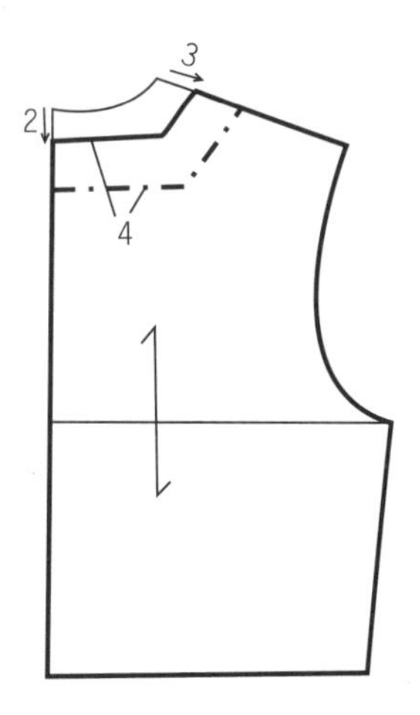

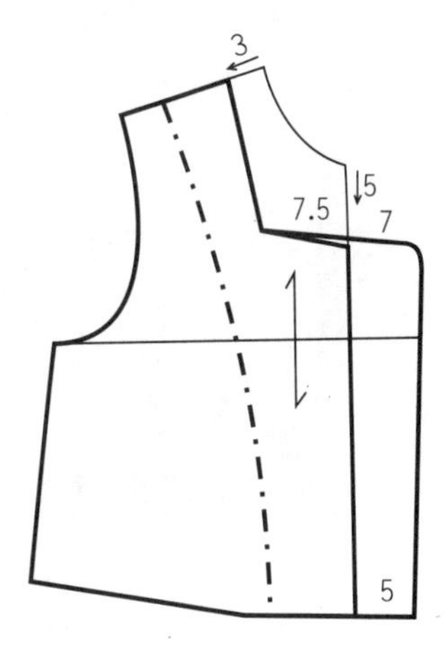

图2-2-30

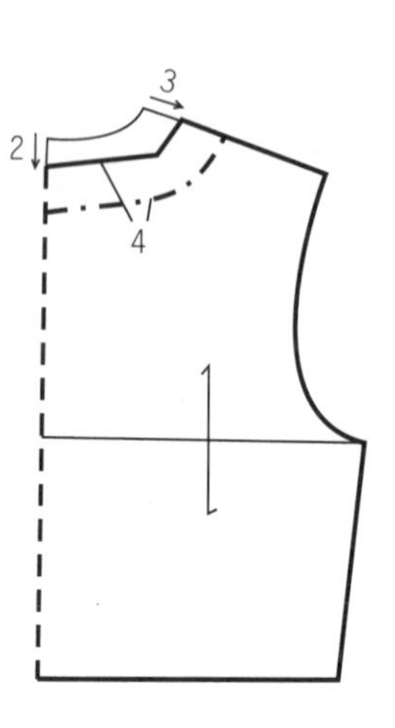

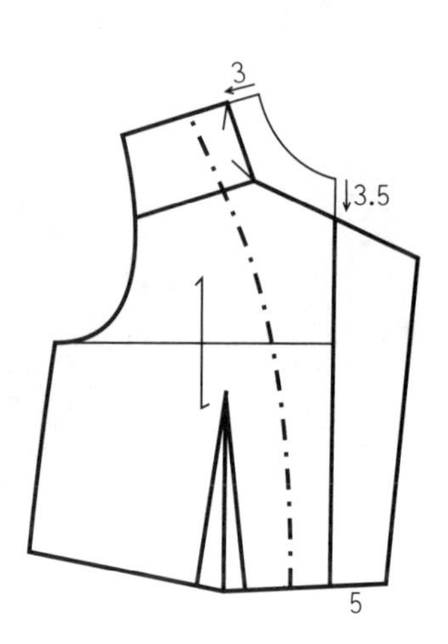

左右门襟不对称，领口在基础领窝上做开大处理。按效果图画顺领口造型。

图2-2-31

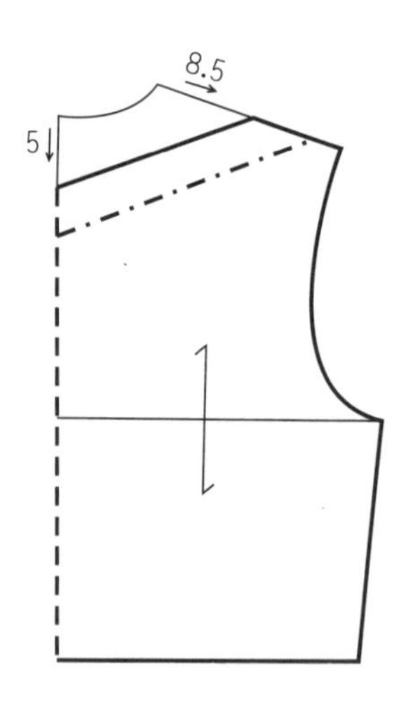

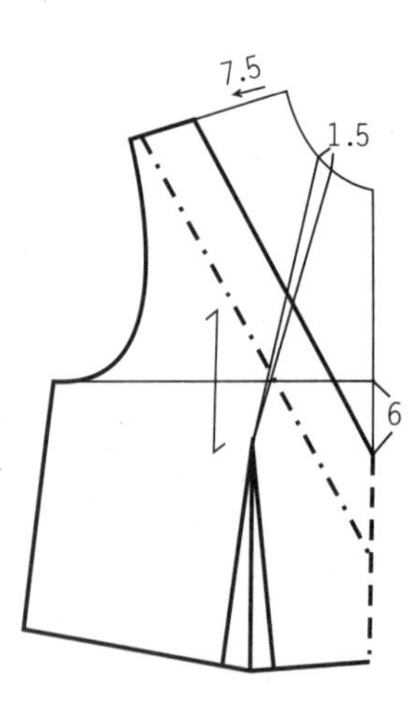

前领口线开落至胸围线以下，横开领较大。前领口应做 1.5~2cm 的收省转移后，再按效果图画顺领口造型。

图2-2-32

基础领窝按效果图略做开大处理。

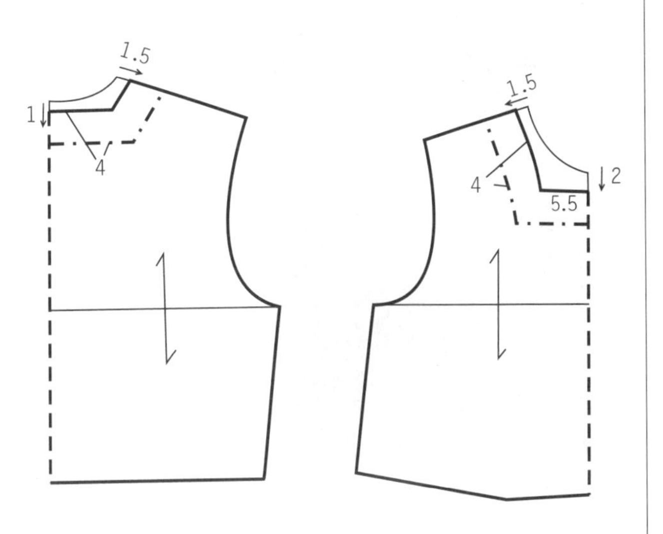

图2-2-33

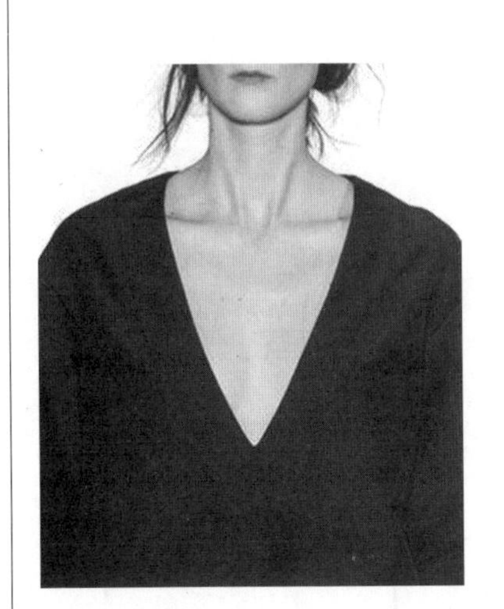

前直开领开落至胸围线以下，但横开领不是很大。前领口线做 1~1.5cm 的收省处理。

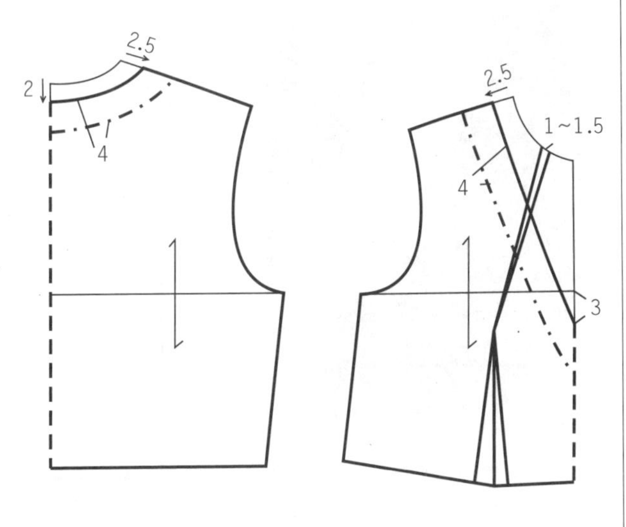

图2-2-34

领口开得较大，前领口线靠近胸凸需做收省转移处理。

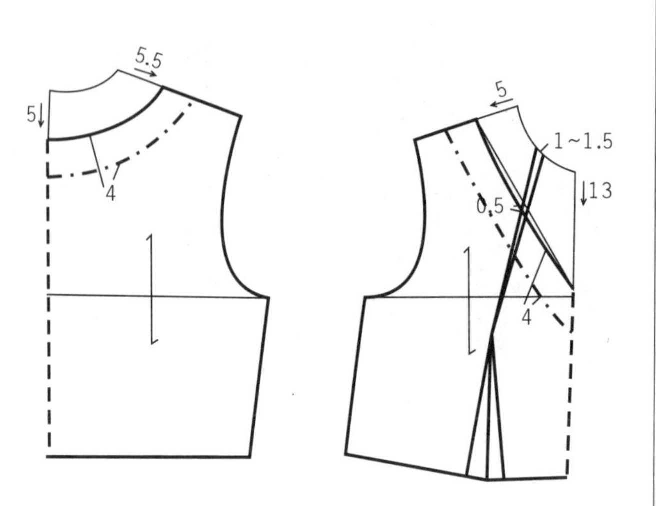

图2-2-35

后横开领包括部分肩省，按效果图画顺前后领口造型。

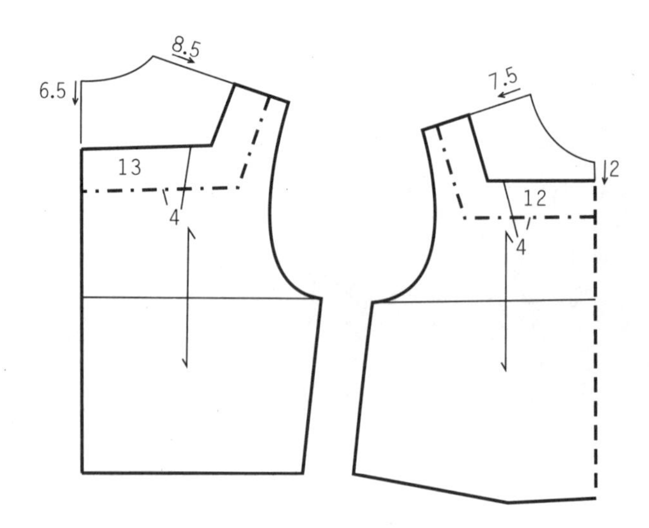

图2-2-36

先把前后片腰省量分别转至前后领口，然后根据效果图再切展至所需的量，画顺领口线。

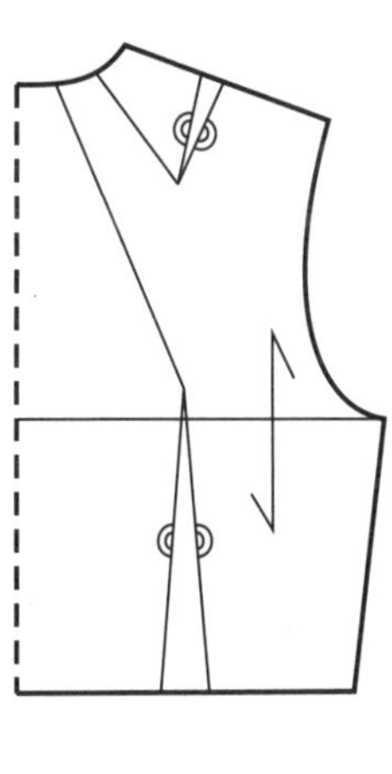

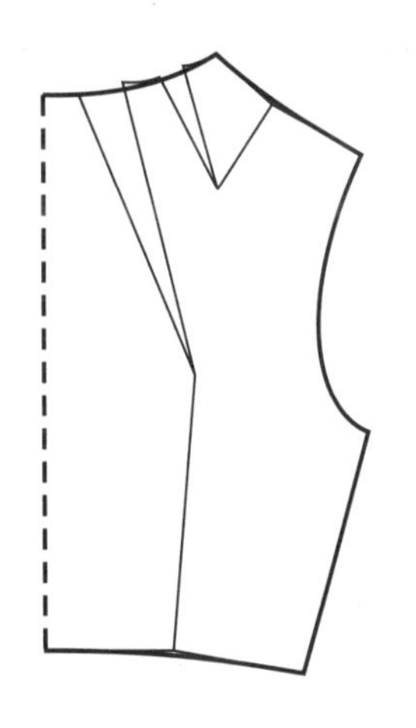

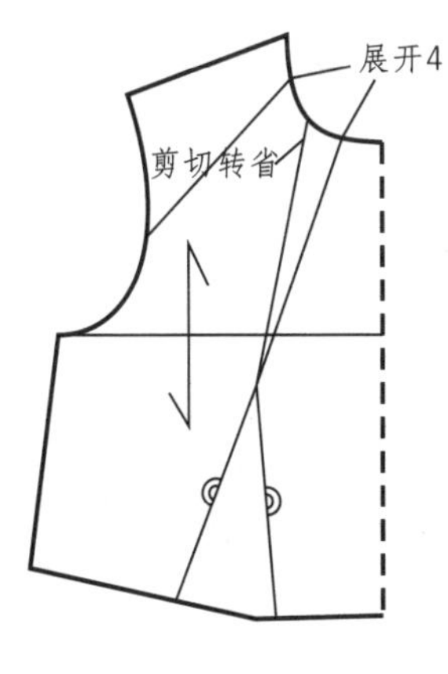

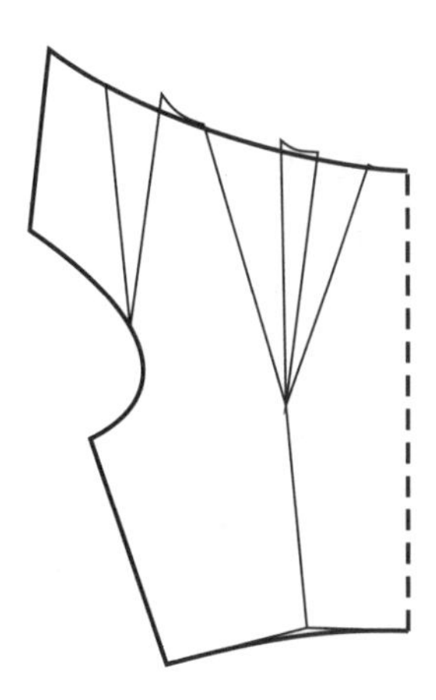

图2-2-37

确定领口线长度为22cm，把前衣片腰省量转至前领口，然后再切展前领口至侧颈点垂直到前中心线的距离为22cm止，前衣片取斜丝。

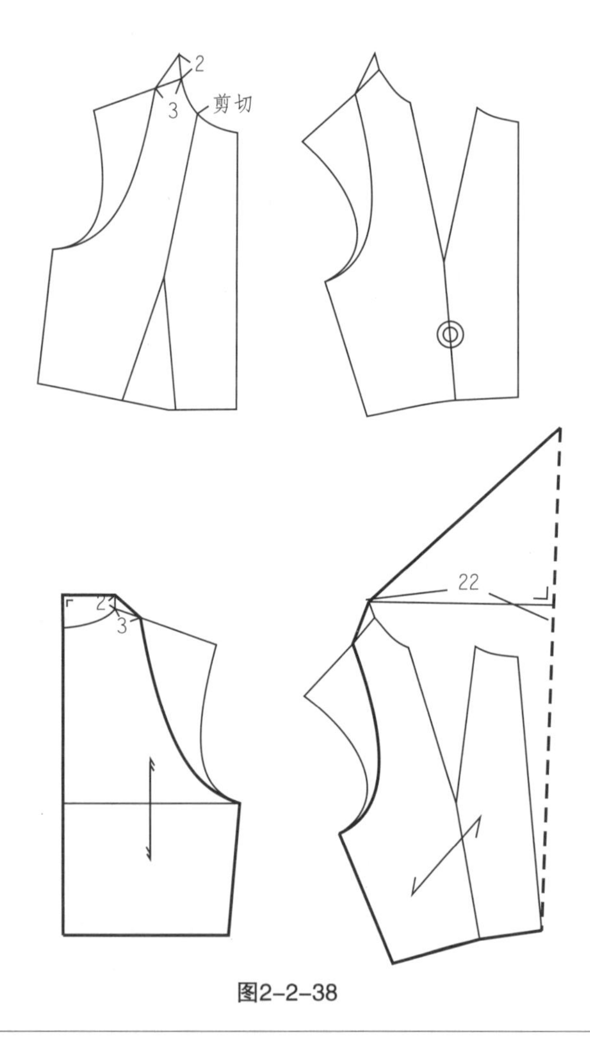

图2-2-38

先确定领口线长度为Φ1，把前衣片腰省量转至前领口，然后再切展前领口至Φ1的量，前衣片取斜丝。

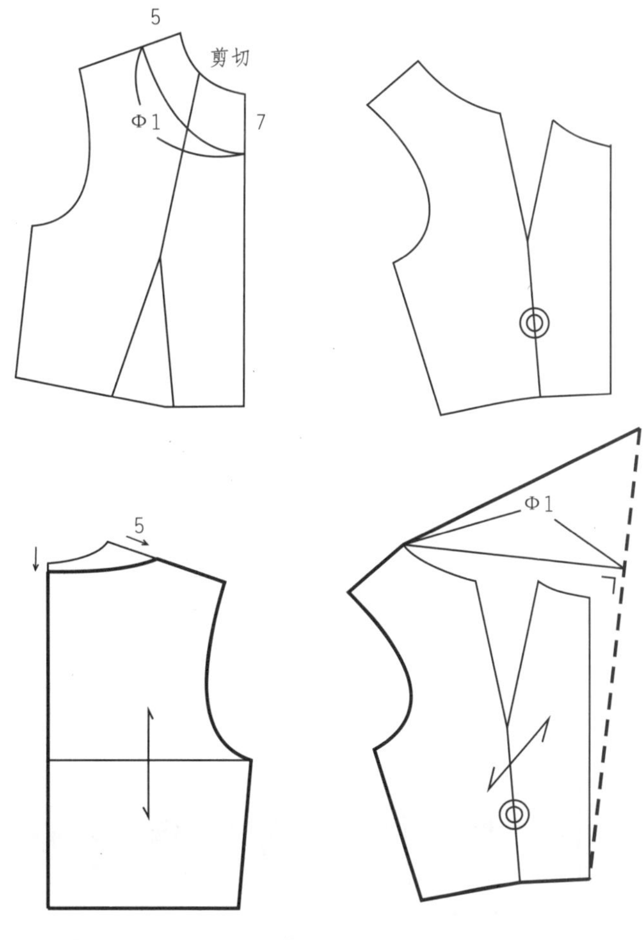

图2-2-39

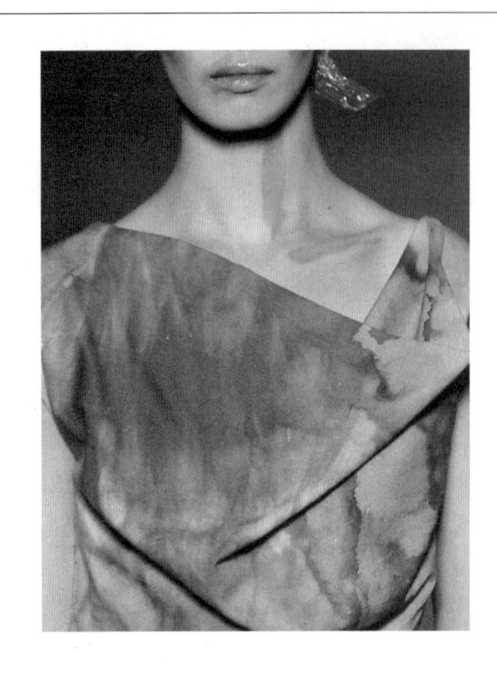

先确定领口线长度为Φ1，把前衣片腰省量转至前领口，然后再切展前领口至Φ1的量，前衣片取斜丝。

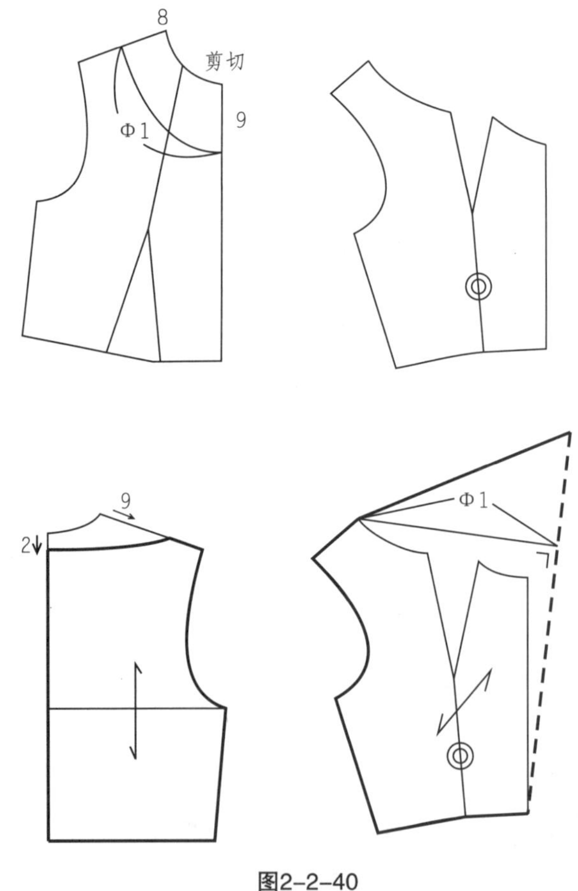

图2-2-40

先根据效果图确定前后领口分割线，把后领口与前领口在肩线处整合，然后再切展至所需的褶量，领片取斜丝。

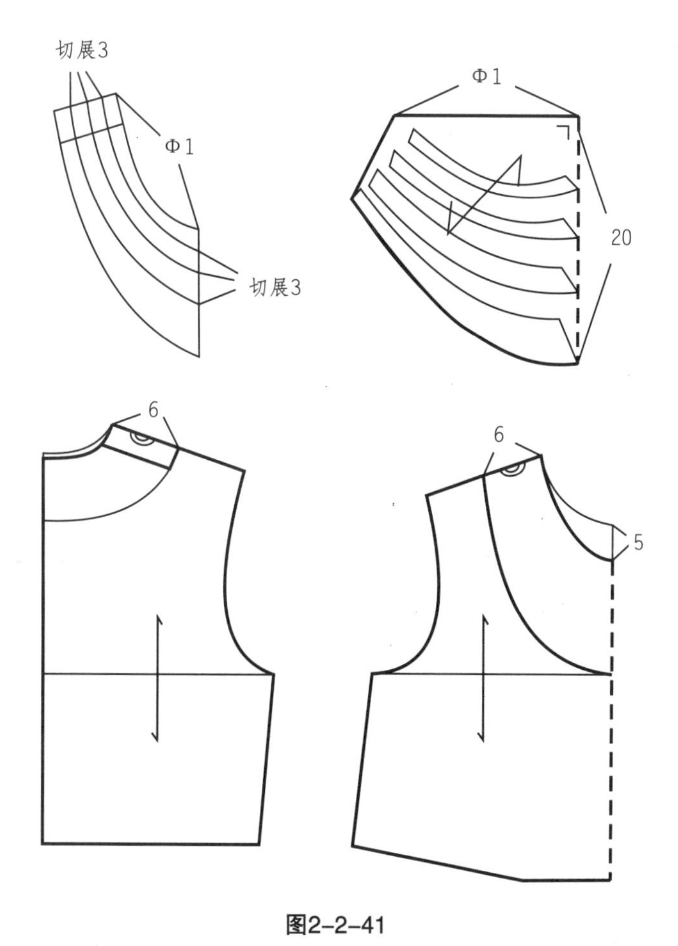

图2-2-41

第三章
立　领

除无领外，领型从结构上可分为立领、企领、翻领和驳领。其实各类领型之间的区分并非一定有明显的界线。结构上的稍微变化便可导致领型造型的转化，有时甚至同样的结构，因采用的工艺不同而成为不同的领型。整个领子的结构设计其实都遵循着一个共同的规律，这个共同规律就是立领原理。立领原理对任何领型的纸样设计都具有指导性。在传统的结构设计中，各种领型都各有一套采寸程式，很少考虑它们之间的内在联系和规律。本章节试图从立领原理中寻找出这种联系和规律。

第一节 立领结构原理

一、立领的基本造型

立领的基本造型，可分为直立型立领、内倾型立领和外倾型立领。

直立式立领，其平面结构是领底线为一条水平的直线。直立式立领是一切领型变化的基本形状，对其进行变形，可以形成各种领型。其制图过程：首先用皮尺测量领口尺寸，然后制作成细长方形的领型，其领外口可随意进行造型设计如图 3–1–1 所示，就是立领直立领的基本形式。

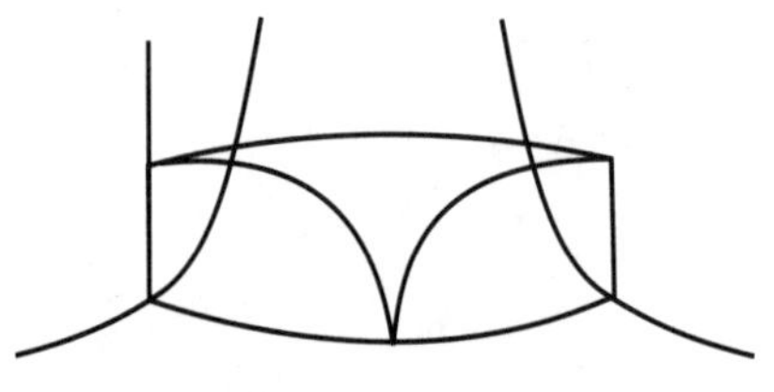

图3–1–1 直立式立领

内倾式立领是在直立领的基础上折叠领上口线，使领上口线小于领下口线，并且上下领口线同时向上弯曲，领子贴近颈部，如旗袍的立领便是最常见的内倾型立领，如图 3–1–2 所示。

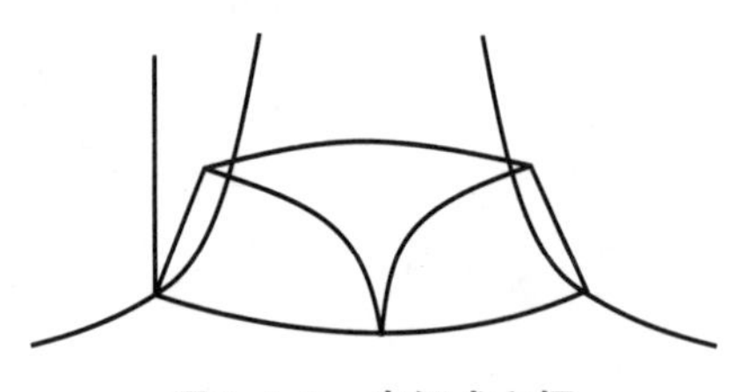

图3–1–2 内倾式立领

外倾型立领是在直立型立领的基础上切展领上口线，领上口线大于领下口线，并且上下领口线同时向下弯曲，领子离开颈部呈倒圆台造型，如图 3–1–3 所示。

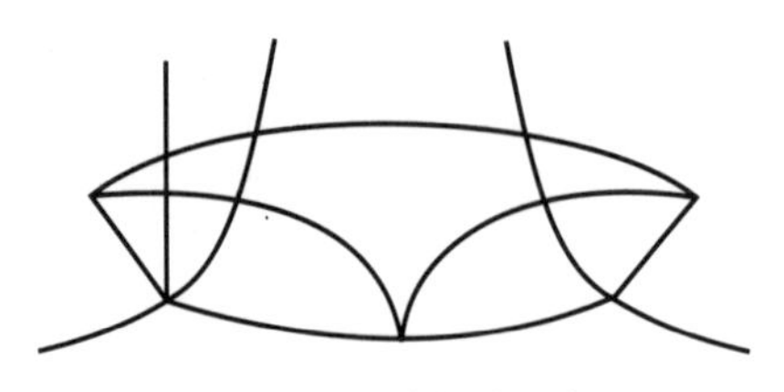

图3–1–3 外倾式立领

二、立领结构变化原理

（一）立领底边线的起翘原理

如果我们把人体理解成近似垂直伸出胸廓的圆柱体，如图 3–1–4 所示，那么用没有任何变化的长方形直条制成的立领无疑是合适的，而实际人体的颈部造型是上细下粗的圆台体，如图 3–1–5 所示，如果以直条形式制图，则制成后的领子必然不能贴合颈部，立领上口线会与颈部产生较大的空隙，立领造型要求包脖，符合颈部形状，必须根据颈部上细下粗的特点进行处理。

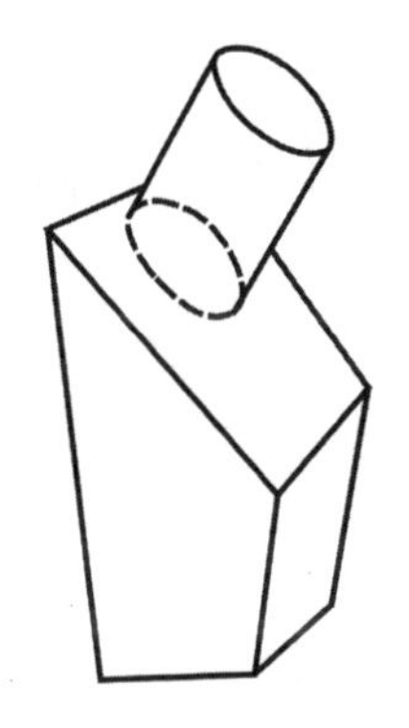

图3–1–4　几何圆柱体

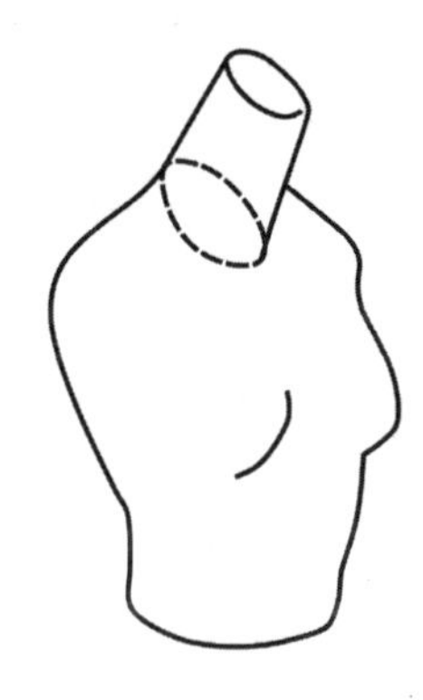

图3–1–5　实际人体

图 3–1–6 是根据颈根围的不同长度把立领上口线均匀地缩短，可使领子贴合颈部。一般情况下，立领上口线缩短立领底边线弯曲上翘，这就是立领起翘的原理。立领的上口线缩短得越多，立领的起翘量也就越大，其上小下大的特征也就越明显，反映在服装造型上，随着立领起翘量的增大，其立的程度减弱，伏的程度加强。

领底线长度和立领高度不变的情况下，立领起翘量越大，其领下口的底边线曲度便越大，领上口与底边的差值越大，台体特征便越明显。

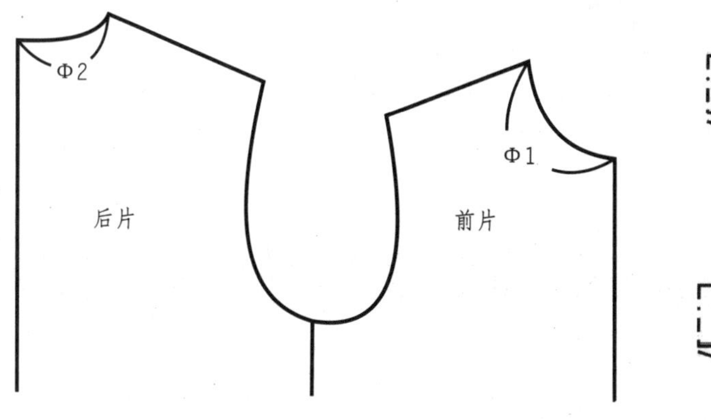

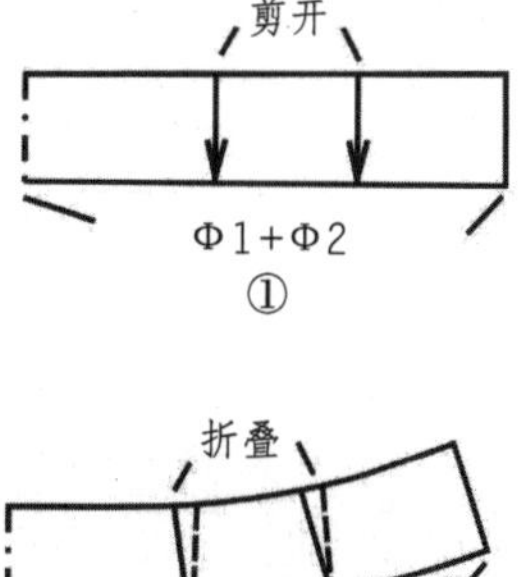

图3–1–6　立领起翘原理图

图 3-1-7 ~ 图 3-1-9 的三款立领是依次加大起翘量后制成的立领造型效果，此过程显示了立领的起翘原理，A 款的起翘量最小 1.5cm，领子接近直立的效果，C 款的起翘量最大 10cm，领子就显得较平伏，B 款起翘量为 6cm，造型的立起程度介于两者之间。

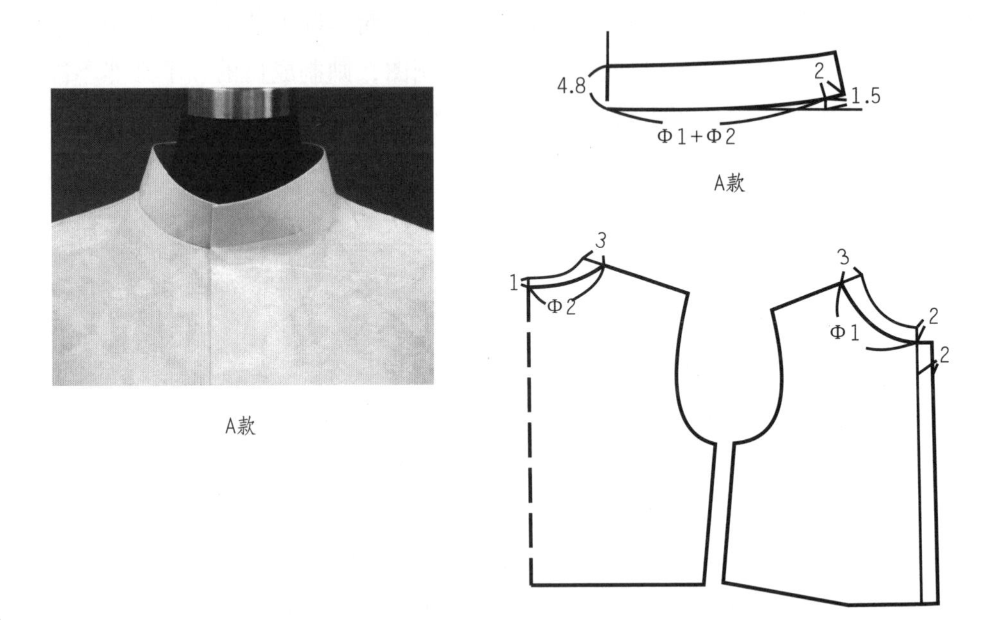

图3-1-7 A款立领

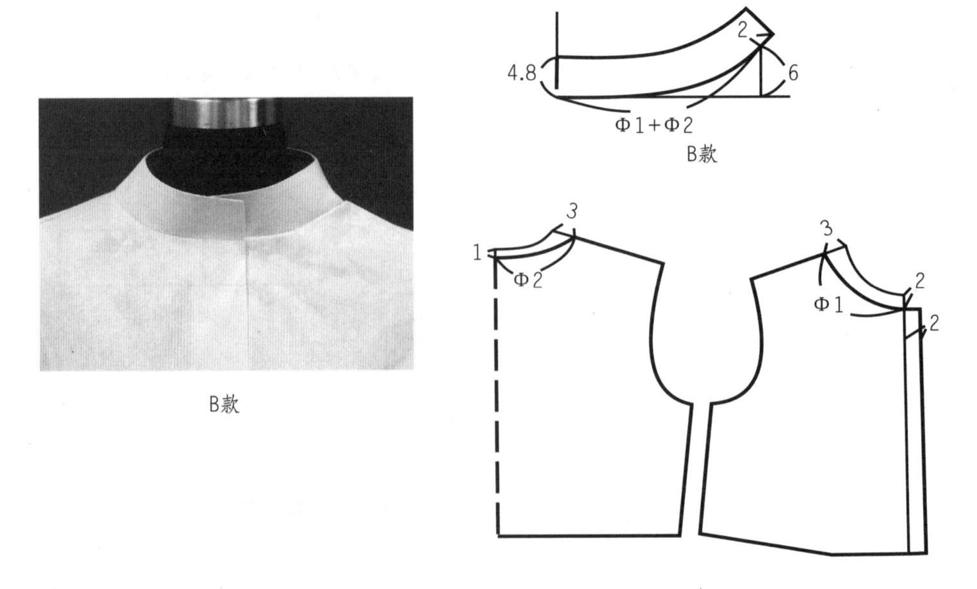

图3-1-8 B款立领

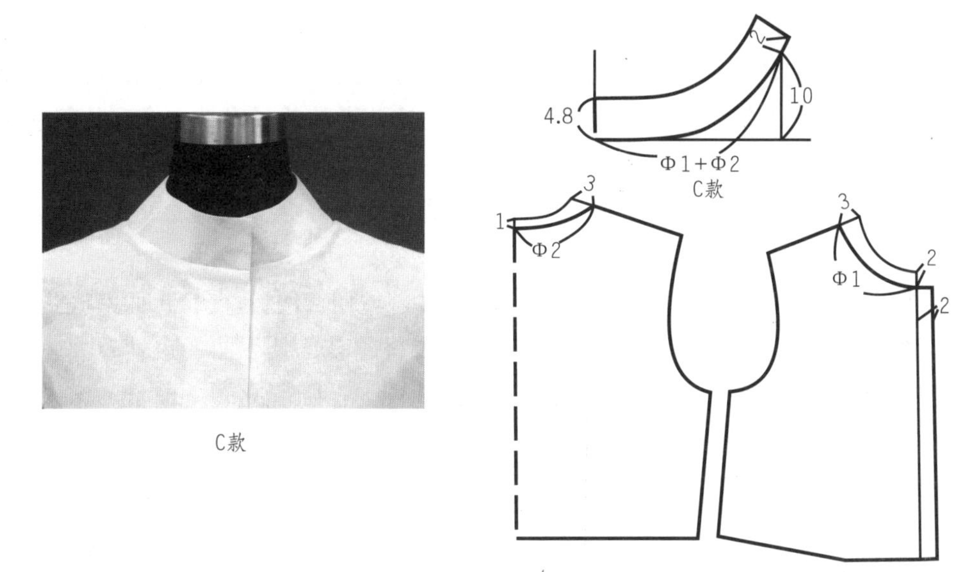

图3-1-9　C款立领

随着领底线起翘量的加大，当领底线曲度与领口曲度完全吻合时，立领就不再立起，如图 3-1-10 所示，将前衣片上标有 B 的领片与后衣片上标有 A 的领片在肩线处拼合，组成了与领窝曲度完全吻合的领子，由此缝制而成的立领完全平伏与衣身变成一个平面，立领特征消失，领子成为衣身的一部分。

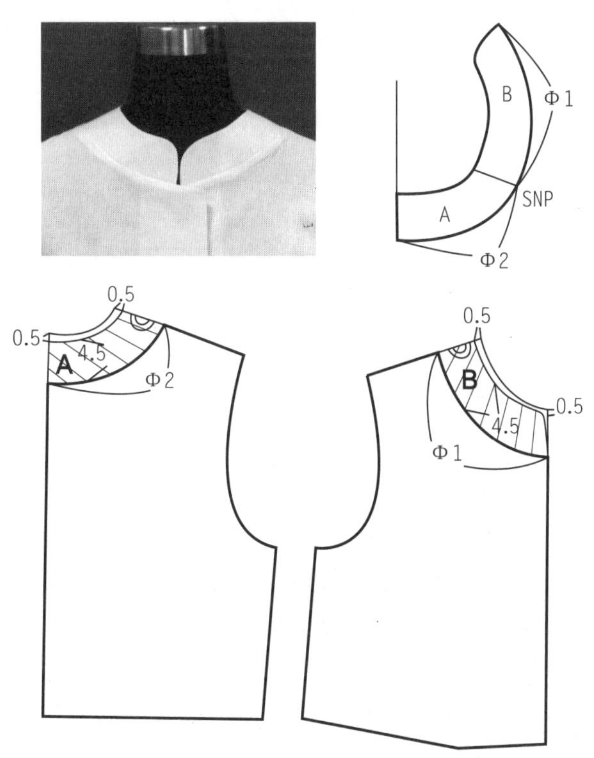

图3-1-10　立领成为衣身的组成部分

在实际应用中，内倾型立领的领底线都是起翘的，至于起翘量怎么选择，完全取决于款式造型，没有任何理论公式可寻，唯一的办法是审视效果图，根据造型和立领所显示的高度确定出上领口尺寸和领围尺寸，依据这两者的差量设计出合理的起翘量。同样的起翘尺寸，也会因为领窝的大小不一样，领子的高度不一样，而显现不同的企伏效果，只有不停地实践才能积累相应的经验数据。

（二）立领底边线的下曲原理

如图 3-1-11 所示，把立领上口线均匀地切展，立领上口线就变长，而其底边线向下弯曲，这是立领的下曲原理。立领的上口线切展得越多，其下曲量也就越大，立领上大下小的特征也就越明显，反映在服装造型上表现为：随着立领下曲量的增大，立领上口的造型越展开，使立领的上半部分很容易翻折下来，构成事实上的翻领结构，这就是翻领结构的基本原理。

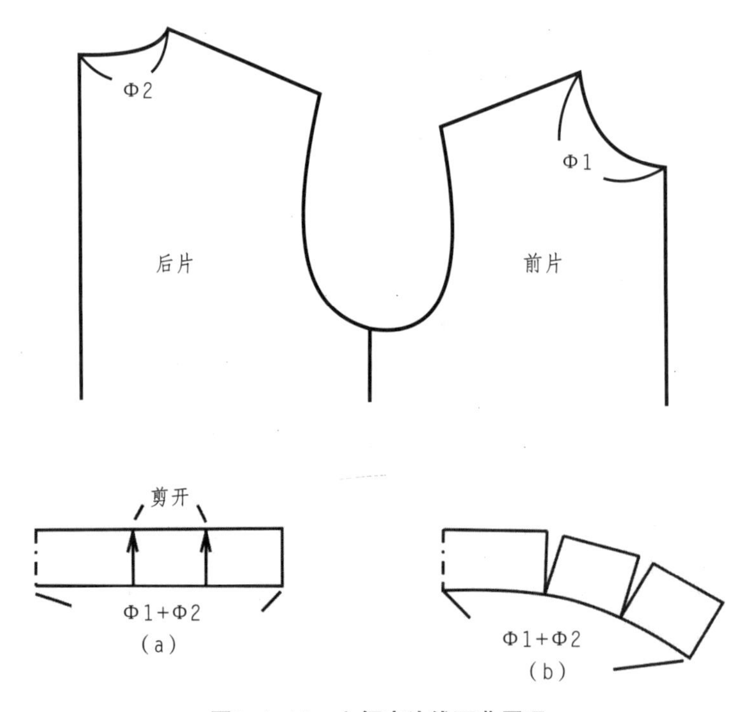

图3-1-11 立领底边线下曲原理

外倾型立领的领底线一定是下曲的，与立领的起翘原理相反，领底线下曲度越大，领上口线越长，使立领的上半部分很容易翻折下来，成为翻领结构。如图 3-1-12 的立领和图 3-1-13 的翻领两种不同的成衣效果均是由图 3-1-14 同样的结构纸样制成的。采用直料裁剪并粘合较厚的塑型衬，制成后的领子如图 3-1-12 所示呈稳定的立领效果，若采用斜料裁剪并粘合薄型衬或不采用衬，制成后的领子如图 3-1-13 所示呈服贴的翻领效果。

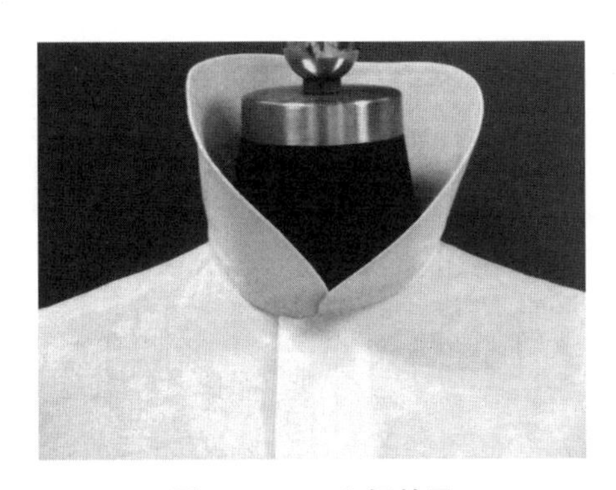

图3-1-12　立领效果

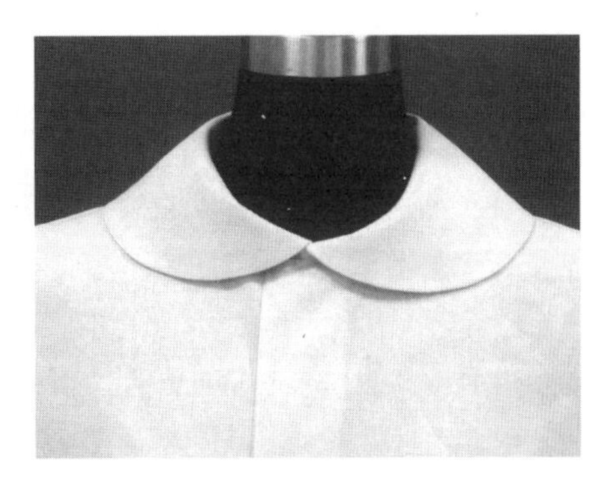

图3-1-13　翻领效果

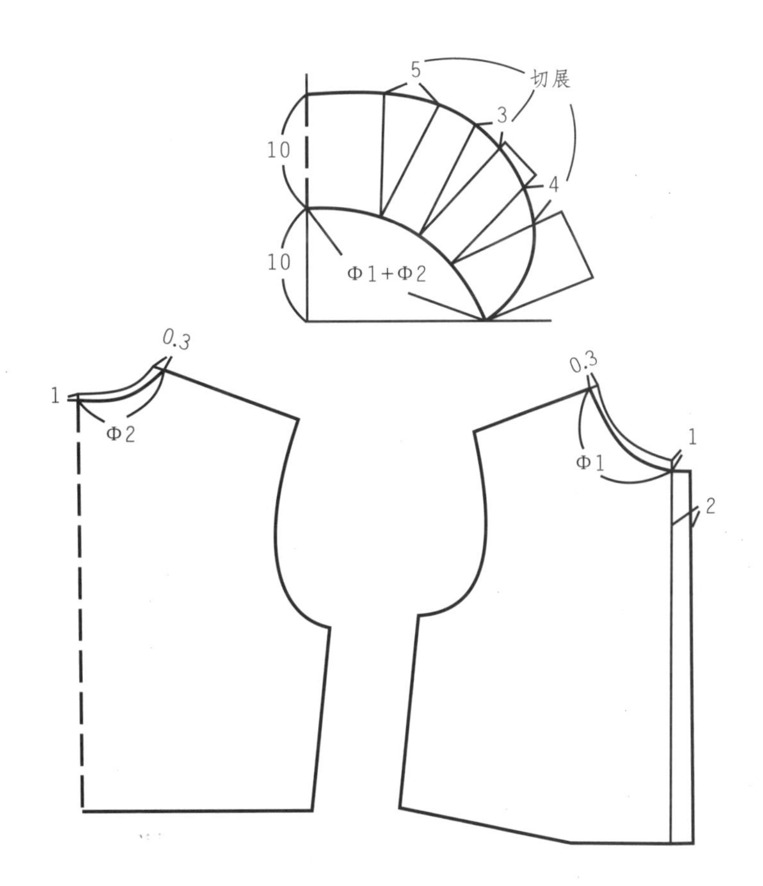

图3-1-14　领底线下曲结构图

立领上口剪切展开的量越大，领底线下曲程度越大，立领越容易往下翻折，当领底线和领口曲线曲度完全相同时（曲度相同，方向相反）。立领完全翻贴在肩部，变成平贴领结构，图 3-1-15 所示的是平贴领的实物照片和相应的结构制图。

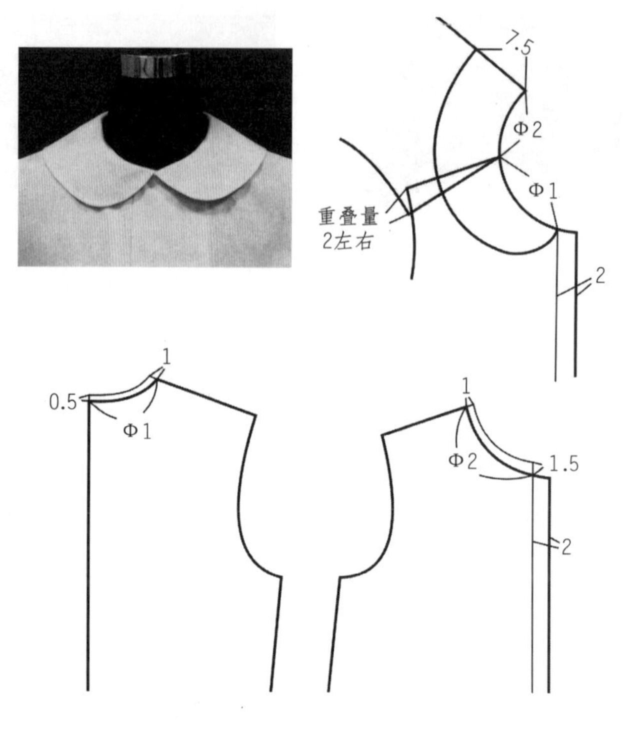

图3-1-15 平贴领结构

三、立领领子与领窝的配伍

进行立领结构设计的第一步是根据效果图来确定前后衣片的领窝开落开宽程度。对于内倾型立领，如果领底线的翘度设计得很大，根据立领起翘原理，它的造型一定会比较接近原身出领一样的平伏状态，受人体颈部的制约就必须开大领窝，使大起翘的立领上口线仍保持大于颈部的状态。当然在立领高度设计得较小时，那么受颈部制约性也就较小，不必将基础领窝开得很大。总之，无论领底线上翘还是下曲，领子是宽还是窄，领口开深还是开宽，在满足款式造型需要的同时，还必须满足头和颈活动功能的需要。

思考题：

1. 立领的基本形状有哪些？
2. 立领的核心原理是什么？
3. 立领的起翘对立领造型如何影响？
4. 立领起翘、立领领高、立领领窝三者之间有什么制约关系？

第二节 立领结构原理应用案例

一、基本型立领及其变化

基本型立领的制图要点：

1. 确定其立领形式（直立、内倾、外倾三者之间确定）。

2. 审视款式造型效果图，确定前后衣身的领围线。

（1）如果是直立型立领，制图就比较简单，做一个领高为宽度前后领围Φ1+Φ2为长度的长方形，再根据造型画顺领子外形。

（2）如果是内倾型立领，必须根据其立领造型的立起和平伏程度来设计起翘量。立起的应选择较小的起翘量，平伏的选择较大的起翘量，至于具体该起翘多少量，即使是同样的立起程度，其起翘量的设计受立领高度、领窝开度影响，不能一概而论，只能由实践去体会。

（3）如果是外倾型立领，必须根据效果图立领上口所需量对立领的上口线做切展，切展量的多少也必须依据款式而定。

3. 根据造型，完善领外口线。

具体方法参见图3-2-1 ~图3-2-18。

二、翻卷立领及其变化

翻卷立领可理解为由比较宽的立领把上半部分领子翻折下来而形成，如果采用直立型立领结构，其结构形式为较宽的长方形，那么就相当于双层的直立领，外观造型严谨。如果采用外倾型立领结构，其造型形式为外层翻领较大，内层领座较低的翻领，所以其上下领口线差值的大小决定了其翻卷立领的立起和平伏程度。上领口线切展得越多，其翻卷立领越接近平伏的翻领造型。

注意：翻卷立领剪裁时最好取45°斜丝，翻折的线和翻下来的领子才能显得自然流畅，要不然就会比较生硬。具体制图方法参见图3-2-19 ~图3-2-24。

三、连身立领及其变化

连身立领指立领与衣身连成一体的组合式领型。连身立领有许多变化形式，分割线所处位置不同，可形成全连或部分相连的连身立领。连身立领结构设计的基础，离不开立领结构设计原理。

连身立领的结构设计，必须根据款式效果图，在侧颈点确定立起的起始点，根据领型的直立、内倾、外倾的前后领口造型进行结构设计。对于领口尺寸较宽松的连身立领无须作领窝省，而对于颈胸部位较为合体的连身立领，在结构上要设计前后领窝省才能贴合颈胸造型；或者将衣身的圆装袖设计成分割袖的形式，可将前后的领窝省转移到分割袖的袖缝中。具体制图方法可参见图 3-2-25 ~ 图 3-2-36。

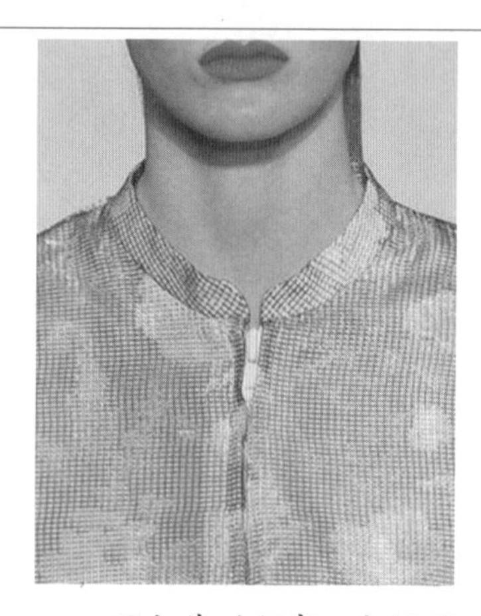

开大基础领窝，内倾型立领，领高 2.5cm 左右；立领造型较平伏，起翘宜大，领上口折叠收缩至领下口起翘 5cm 左右。

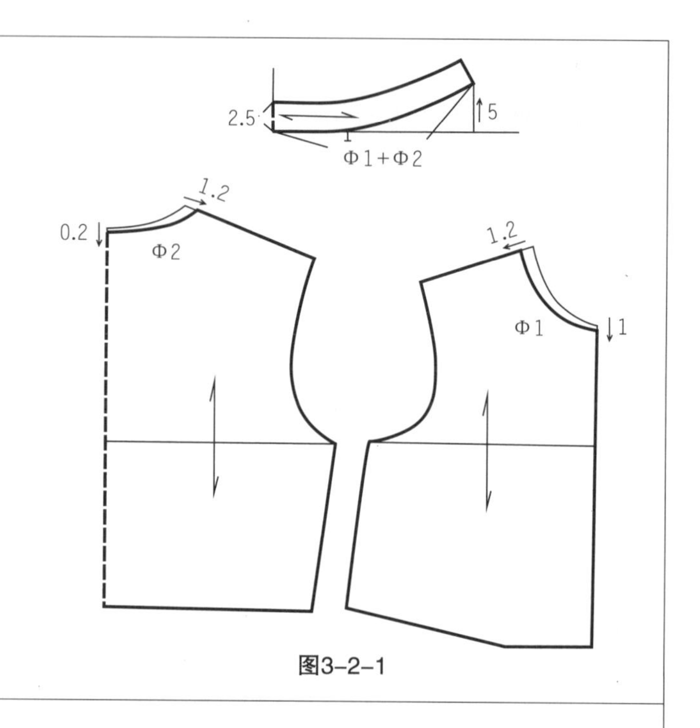

图3-2-1

开大基础领窝，前领口有豁口，前领围线 Φ1 应距前中 1cm。近似直立的内倾型立领，起翘宜小，领上口略收缩至领下口起翘 0.5cm 左右。

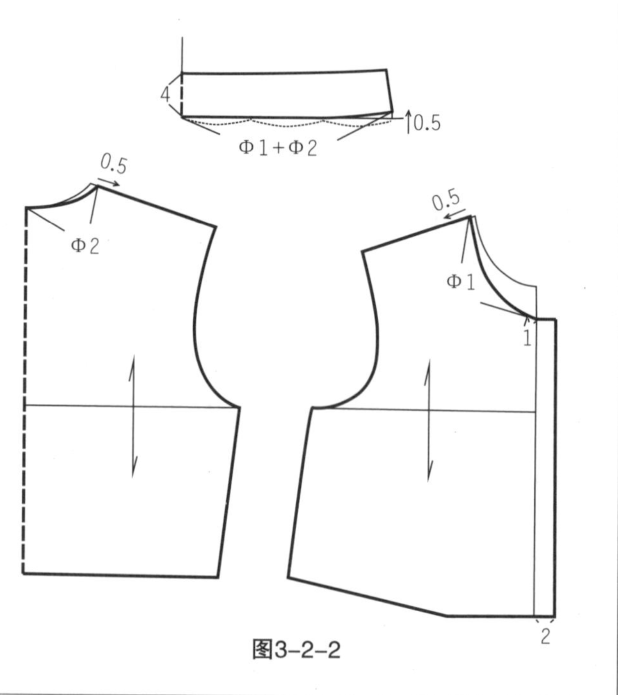

图3-2-2

开大基础领窝，领高3.5cm左右；内倾型立领，领上口折叠收缩至起翘2cm左右。

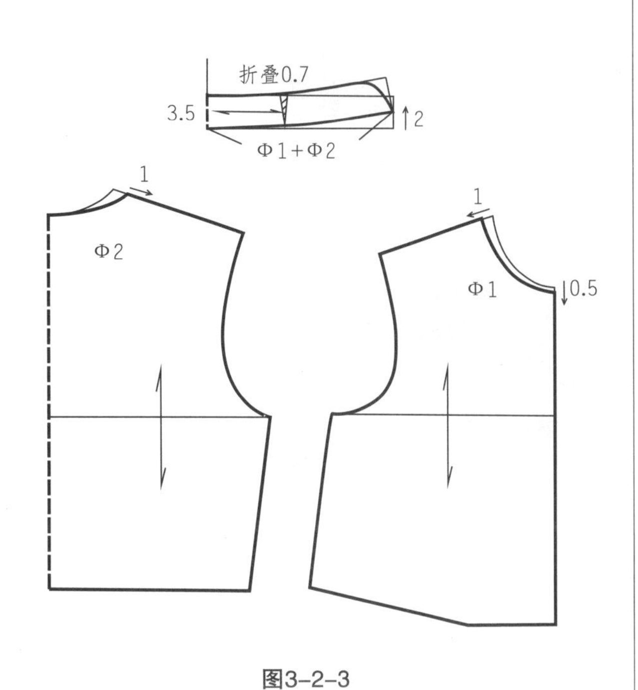

图3-2-3

开大基础领窝，后领高5cm左右，前领高4~4.5cm，起翘1.5cm左右。

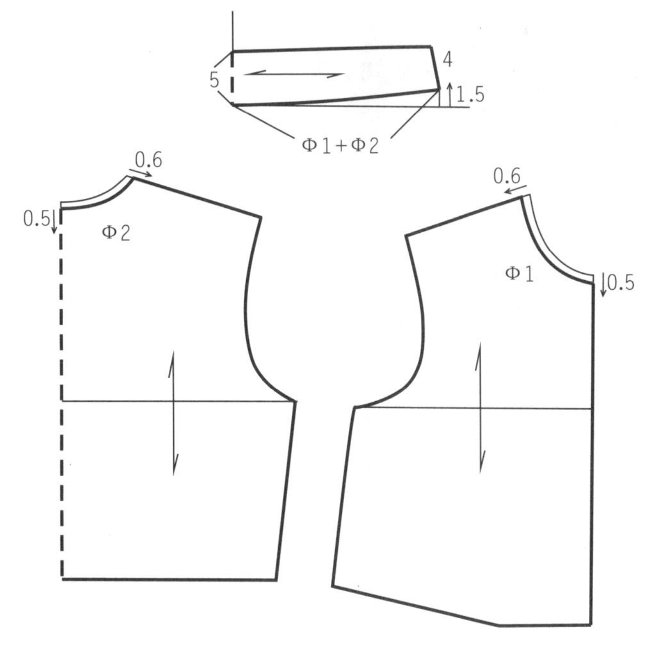

图3-2-4

开大基础领窝，外倾波浪型立领；领底线下曲，按造型画出立领后再切展。

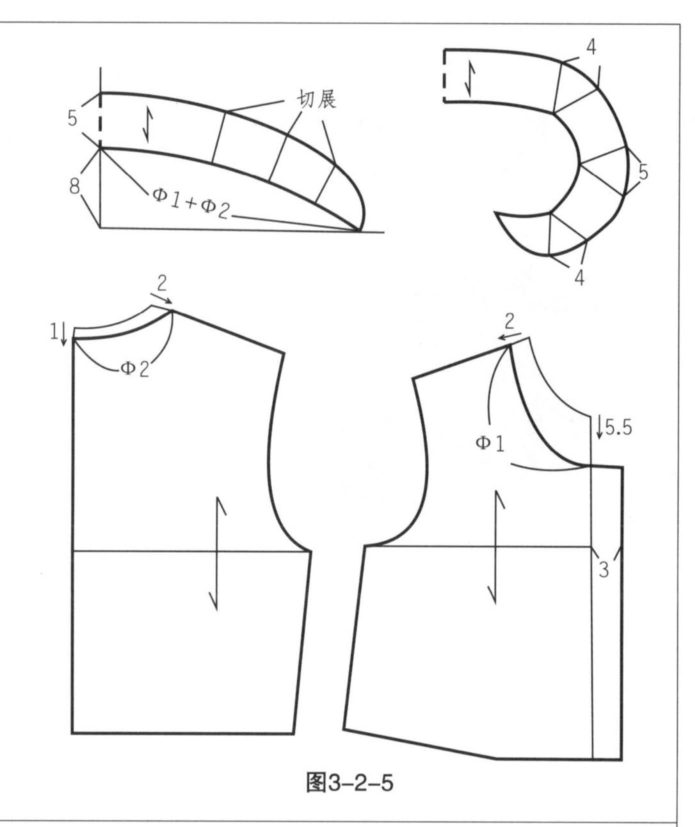

图3-2-5

近似外倾型立领，领底线下曲，按造型画出立领，前领窝分体重叠制图。

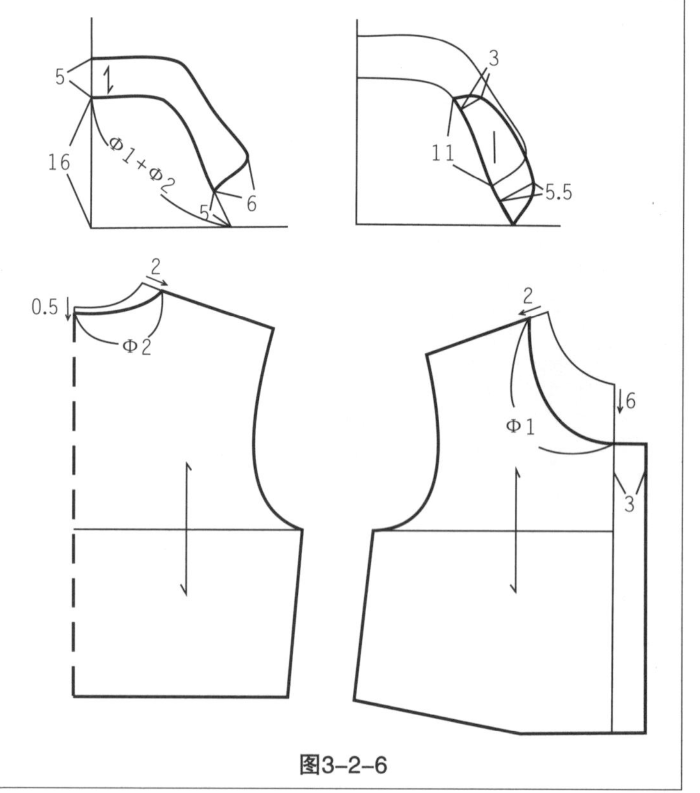

图3-2-6

开大基础领窝，领高3.5cm左右；内倾型立领，折叠领上口线至领下口线起翘4cm左右。

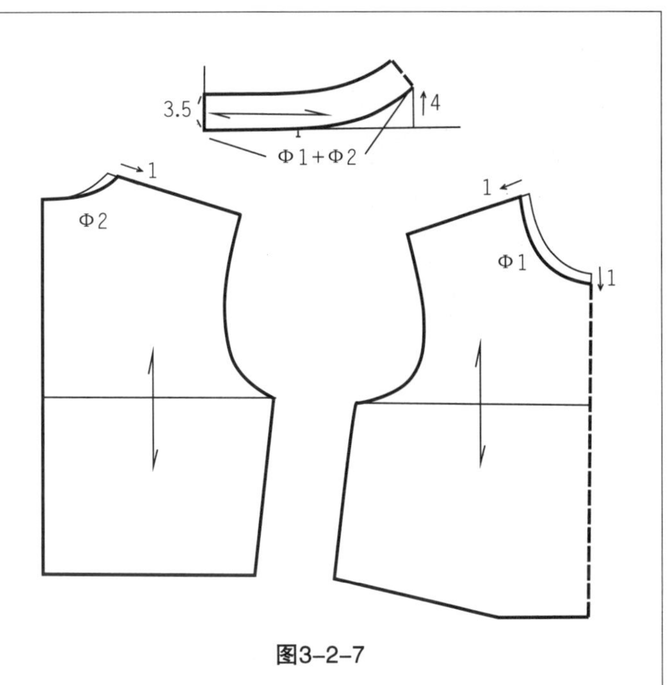

图3-2-7

开大基础领窝，外倾型立领；领高10cm，领上口切展至领下口线下曲10cm，画顺造型轮廓。

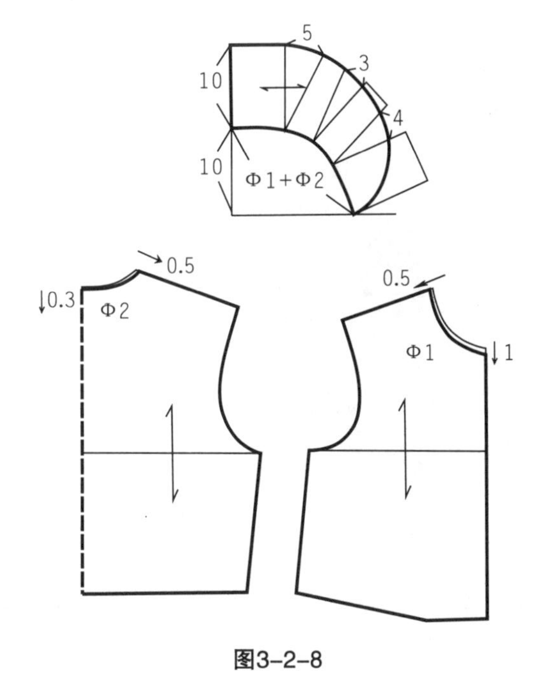

图3-2-8

所示开大基础领窝，内倾型立领，领高 4.5cm 左右；立领造型较平服，起翘量宜较大，领上口折叠收缩至领下口起翘 6cm 左右。

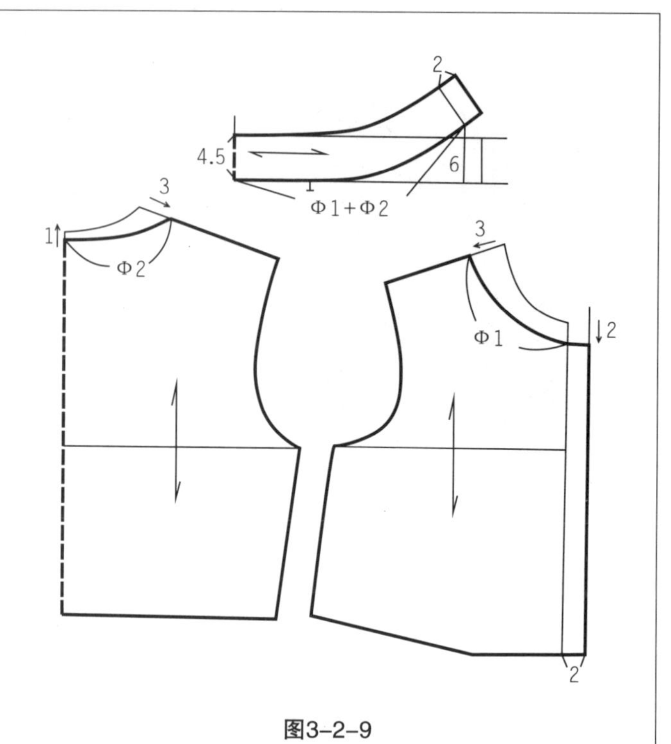

图3-2-9

直立型立领，领窝略开大；领高 5.5cm，长方形直条即可。

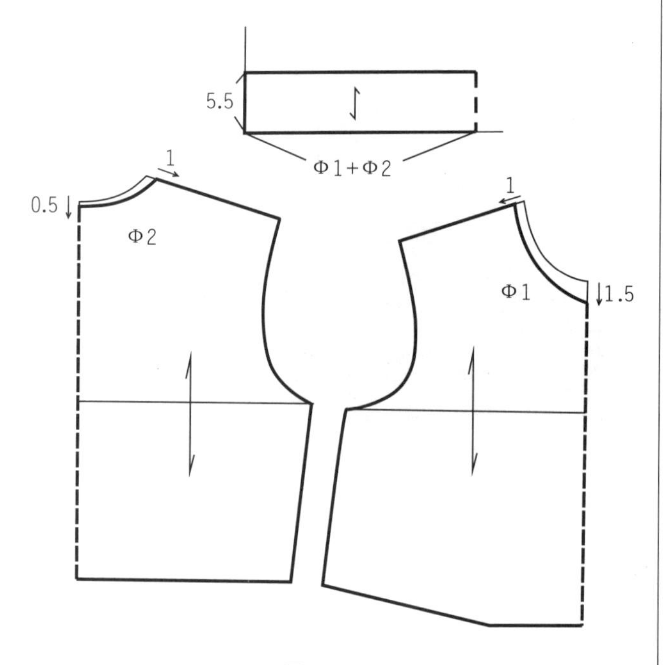

图3-2-10

略开大基础领窝，内倾型立领；立领较企，领底线起翘1.5cm。

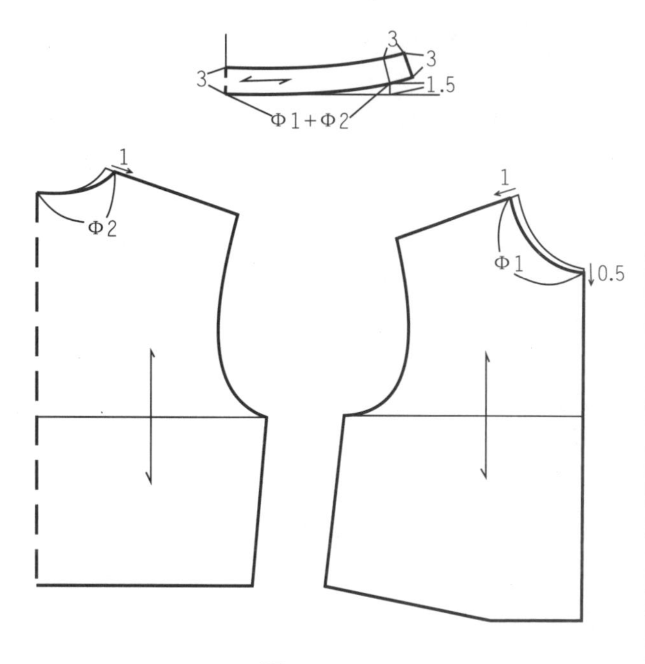

图3-2-11

内倾型立领，造型较平伏，领底线起翘略大；领高4cm左右，起翘6cm，按效果画出造型。

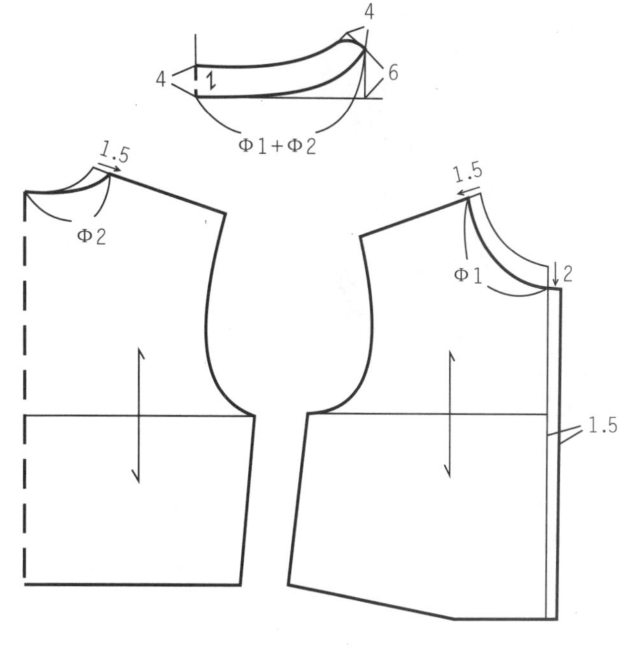

图3-2-12

开大领窝，外倾型立领，领高8.5cm左右，切展领上口线增加外围容量；若要稳定的立领效果，宜用直丝，若希望能翻折下来成为翻领，宜用横丝。

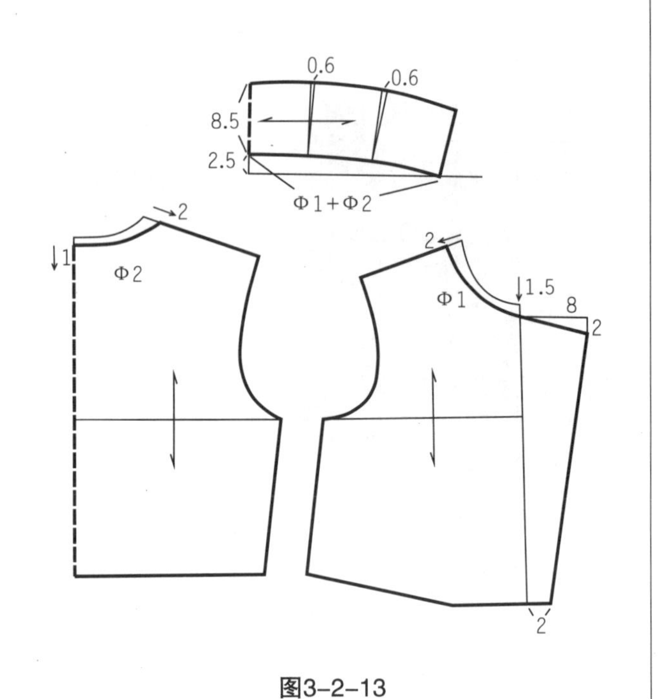

图3-2-13

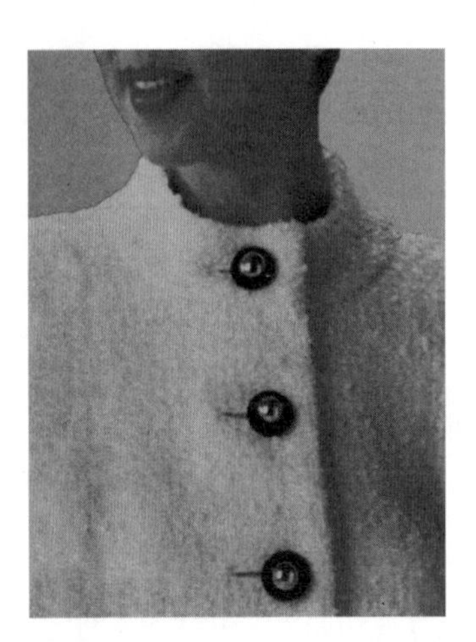

开大基础领窝，后领高5.5cm左右，前领高4.5cm左右；立领较平服，起翘取值宜大，领上口折叠收缩至起翘6~7cm左右。

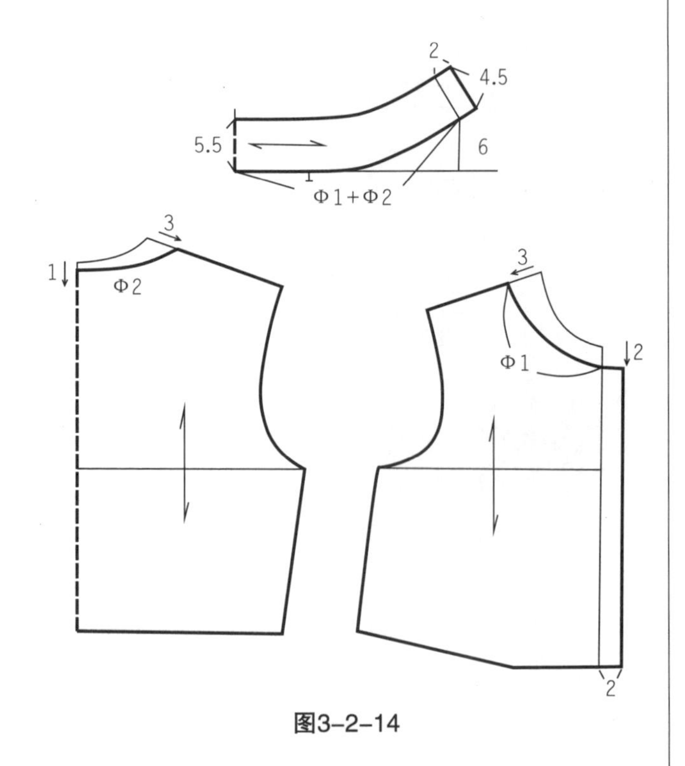

图3-2-14

内倾型立领，开大基础领窝，双排钮、搭门量较大；立领较平伏，领窝较大，起翘宜大。

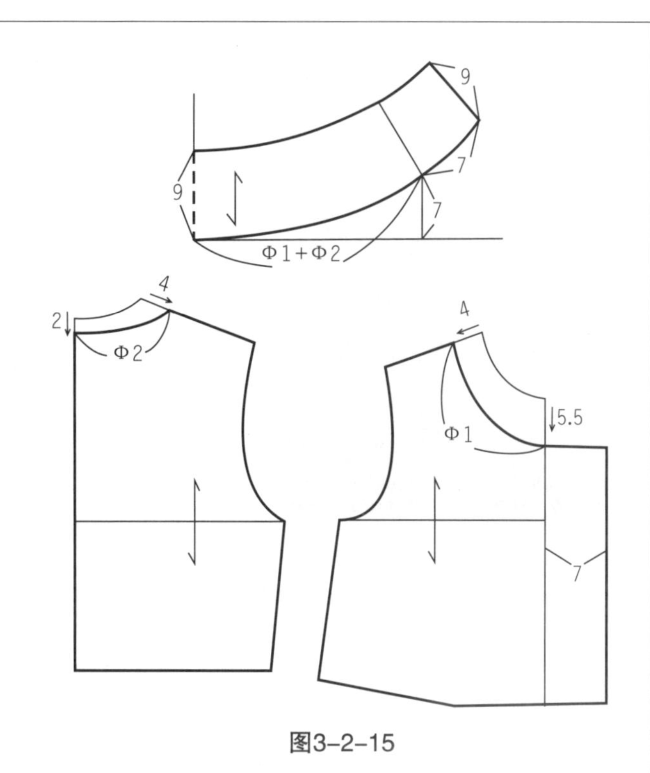

图3-2-15

开大基础领窝，确定前领口绱领线Φ1。内倾型立领，且前领立领较内倾，在前领领上口做折叠收缩处理。

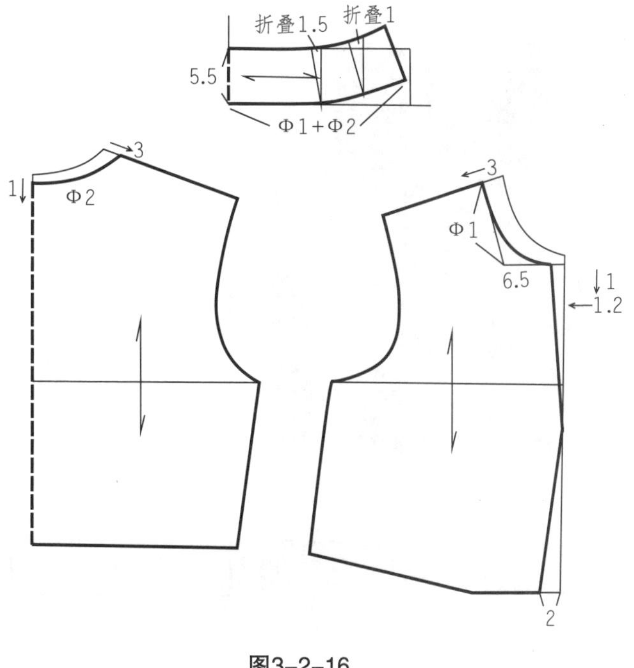

图3-2-16

直立型立领，左右不对称门襟，立领后高前低；侧颈作较大的开大处理，后领高约4.5cm，前领高约2.5cm。

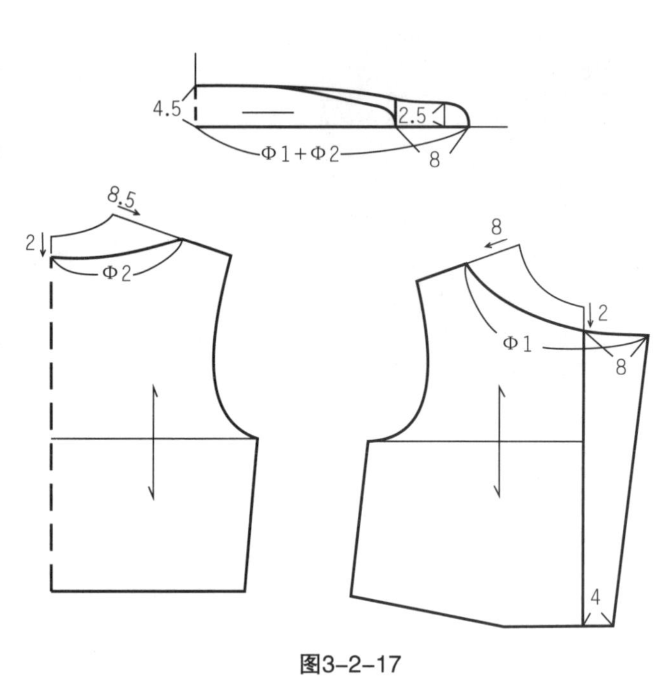

图3-2-17

开大基础领窝，内倾型立领；折叠收缩领上口至领底线起翘7cm。

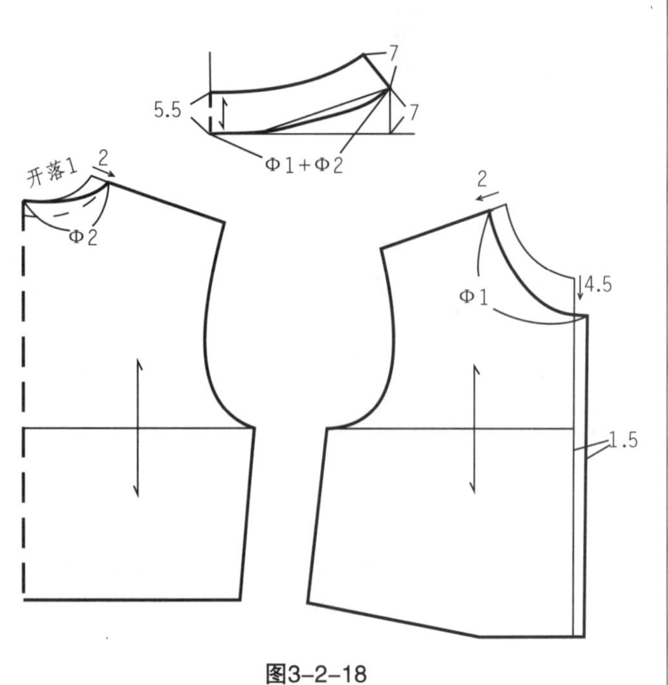

图3-2-18

直立型翻卷立领，立领高4.5cm左右，总领高9cm左右，下翻的面立领略大于内立领；按理领上口应略作切展，因斜丝有较好的拉伸性，故直接采用直立型的长方块。

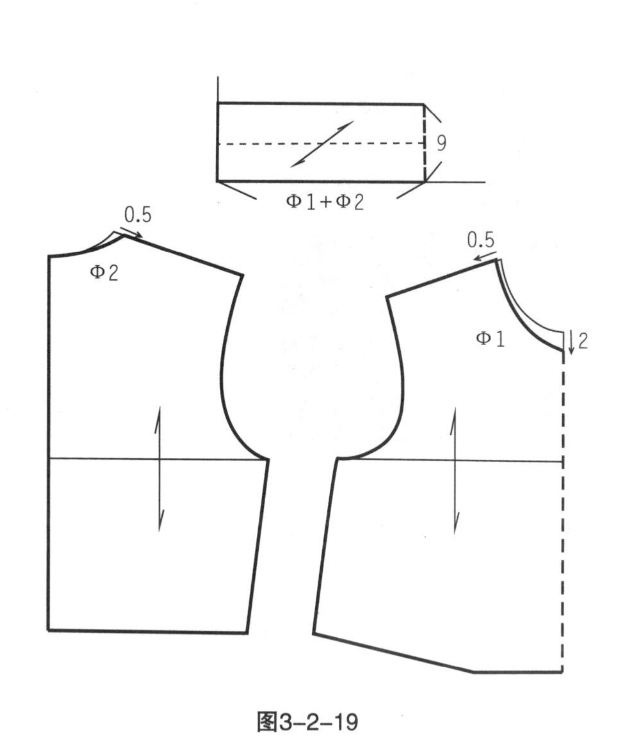

图3-2-19

翻卷后的立领稍外倾，立领总领高9cm左右，下翻的面立领略大于内立领；领上口略作切展至领底线下曲2~3cm，满足翻卷后的立领稍外倾的需要。

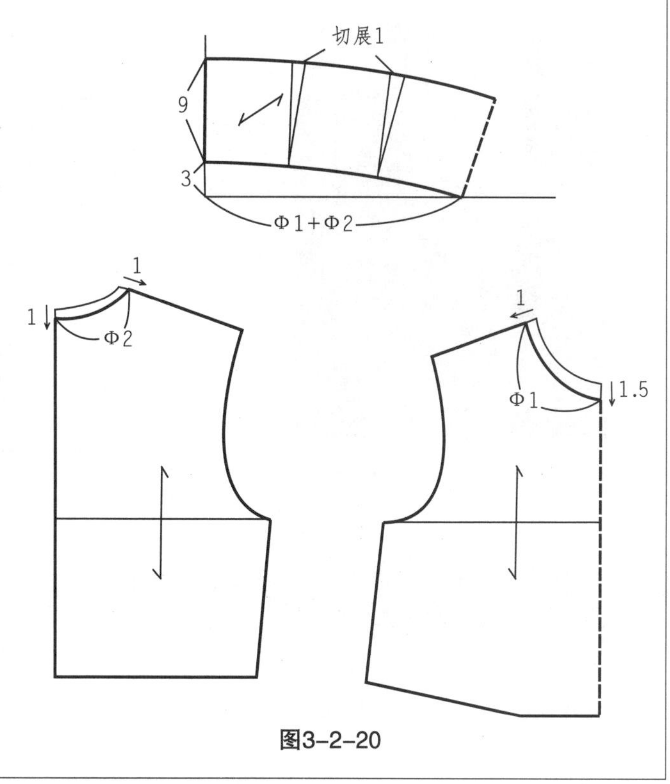

图3-2-20

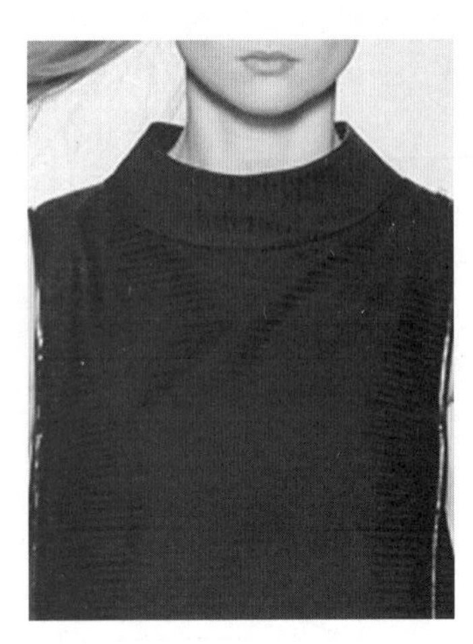

外倾型翻卷立领，立领总领高8cm左右，侧颈开大1.5cm左右；因内领领座较低，下翻的领面较宽，所以领上口作较多切展量至领底线下曲9cm左右。

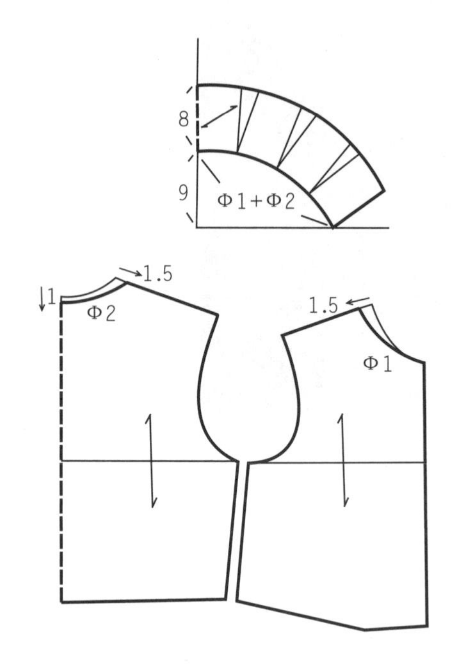

图3-2-21

外倾型翻卷立领，立领总领高9cm左右，侧颈开大7cm左右；因内领领座较低，下翻的领面较宽，所以领上口作2cm×2cm切展量以满足下翻增加的领外口线长度。

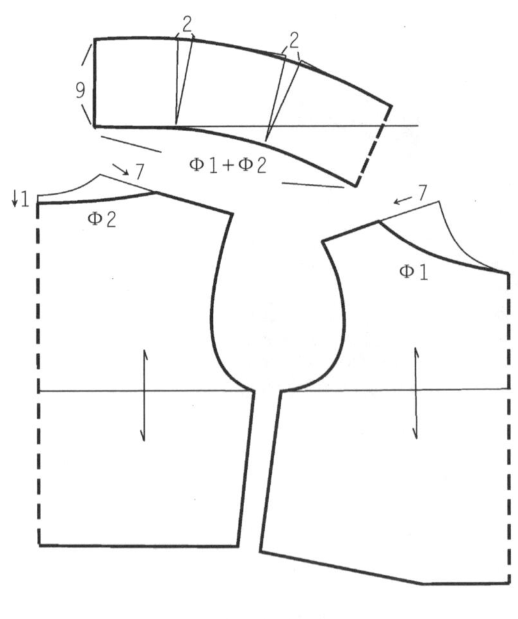

图3-2-22

外倾型翻卷立领，翻卷立领总高9cm左右，下翻的面立领略大于内立领；领窝开大处理，领上口切展使上领口略大于下领口。

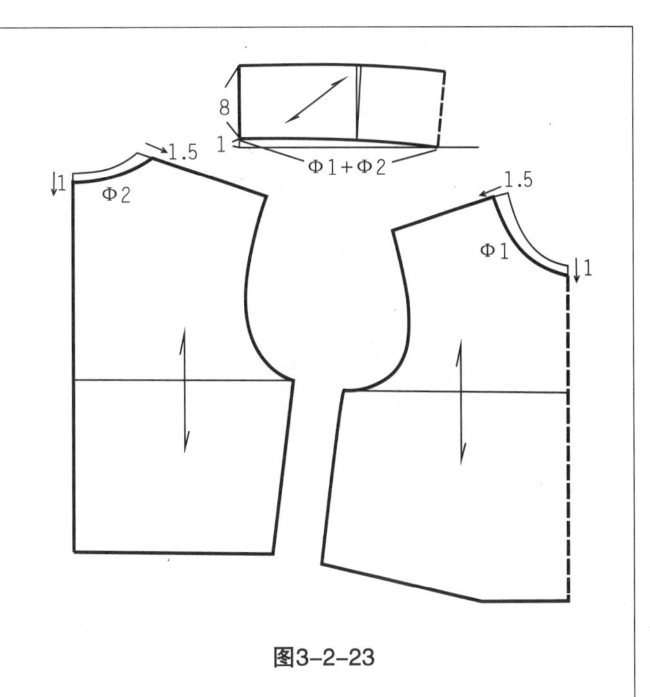

图3-2-23

外倾型翻卷立领，立领总领高11cm左右；前直开领开落5cm左右，前后横开领开大2cm左右，领上口作切展至领底线向下弯曲2.5cm左右，也即把高11cm长Φ1+Φ2的长方形切展成领底线向下弯曲2.5cm左右的终极图。

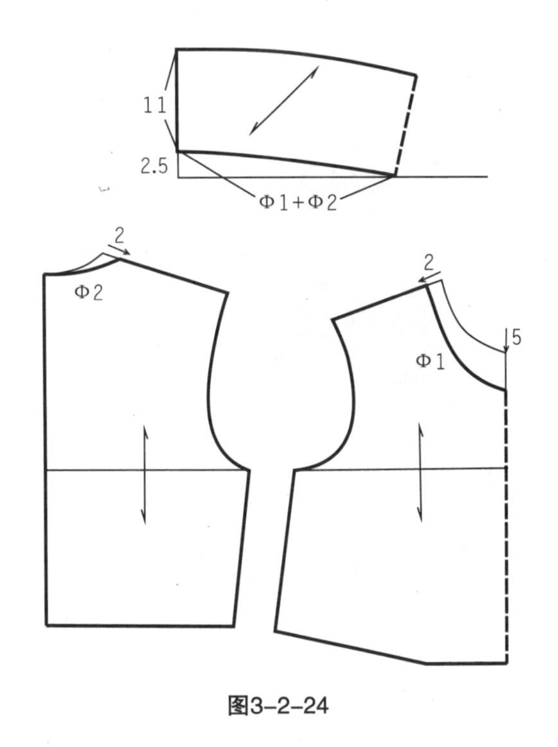

图3-2-24

连身立领较贴合颈部，从侧颈点开始内倾；后领较高，后颈升高4.5cm左右，侧颈领高2.5cm左右，按造型画顺肩线和前后领口线。

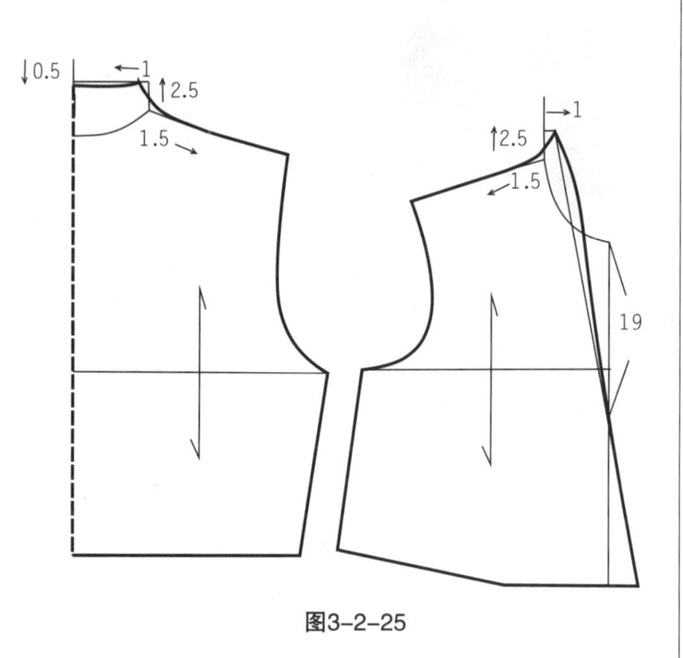

图3-2-25

宽搭门斜门襟，内倾型连立领，离侧颈点5.5cm处开始起弧；前中抬高4.5cm左右，侧颈领高6cm左右，按造型画顺肩线和前后领口线。

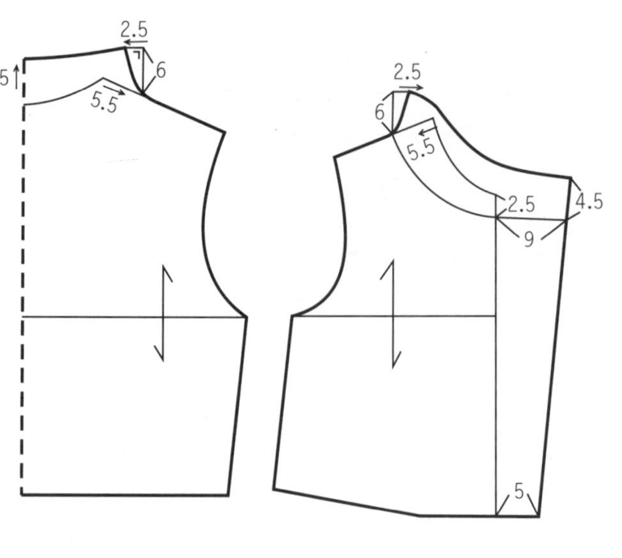

图3-2-26

连身立领侧颈点远离颈部，侧颈点需开宽较大量；造型近似直立，但制图时稍内倾（直立制成后衣领有点感觉外倾）。

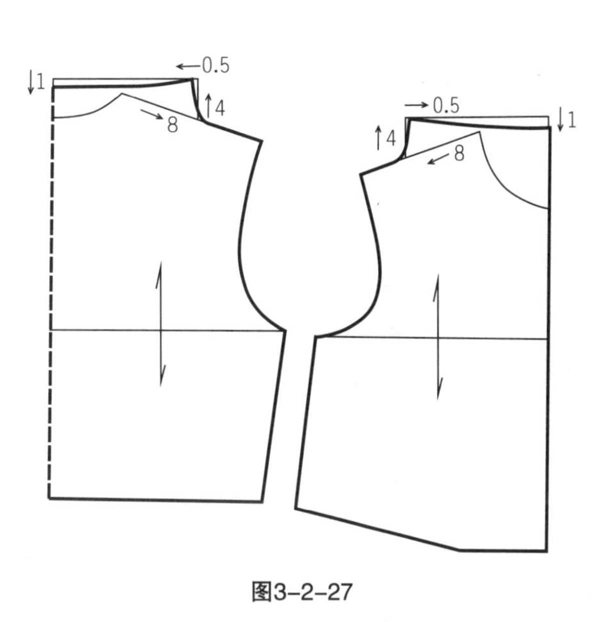

图3-2-27

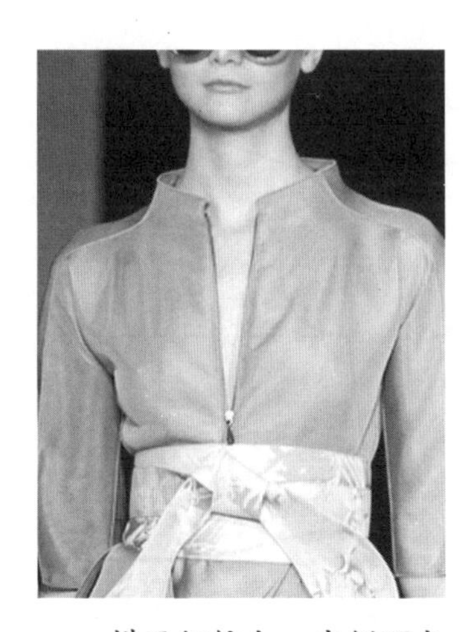

横开领较大，离侧颈点4cm处开始起弧；前后领中心略上抬，前片分割线在颈胸曲面处收省。

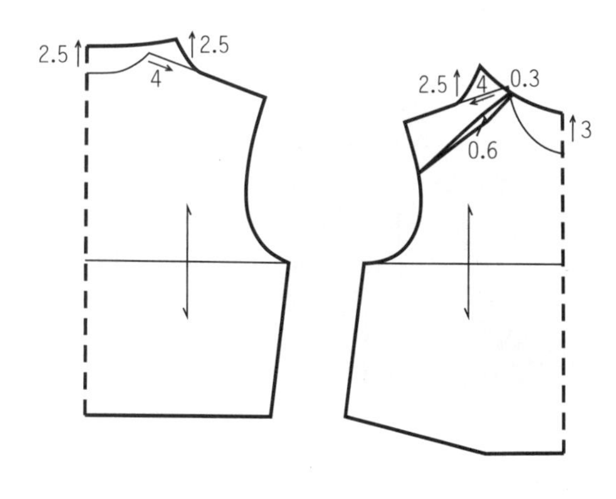

图3-2-28

内倾型连身立领较平伏，立领高度较低，侧颈高1.5cm左右；离侧颈点3cm处开始缓慢起弧，按造型画顺肩领和前后领口线。

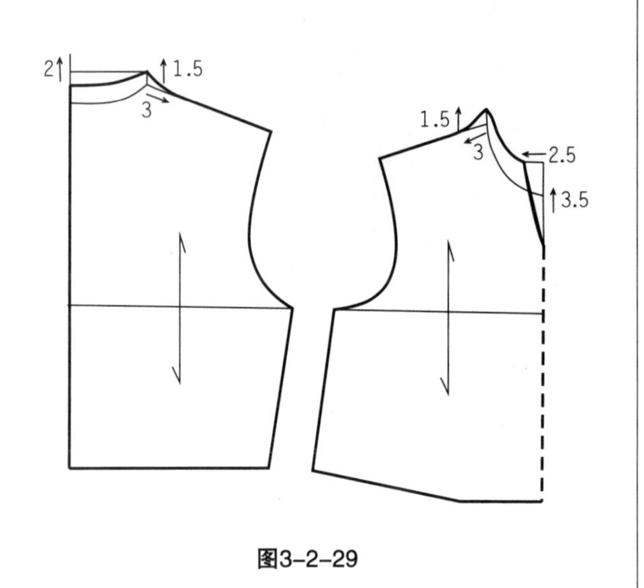

图3-2-29

内倾型连身立领，领高较低，侧颈高2cm左右；离侧颈点2.5cm处开始缓慢起弧，按造型画顺肩线和前后领口线。

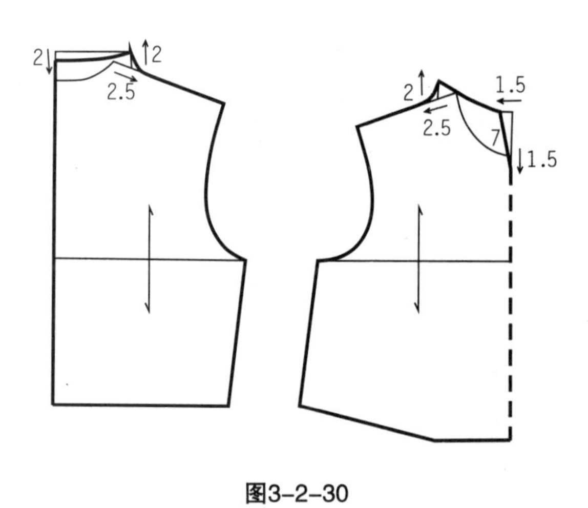

图3-2-30

前胸撇胸处理后，前后横开领开宽量较大；领高较低，前中、后中、侧颈接近水平等高。

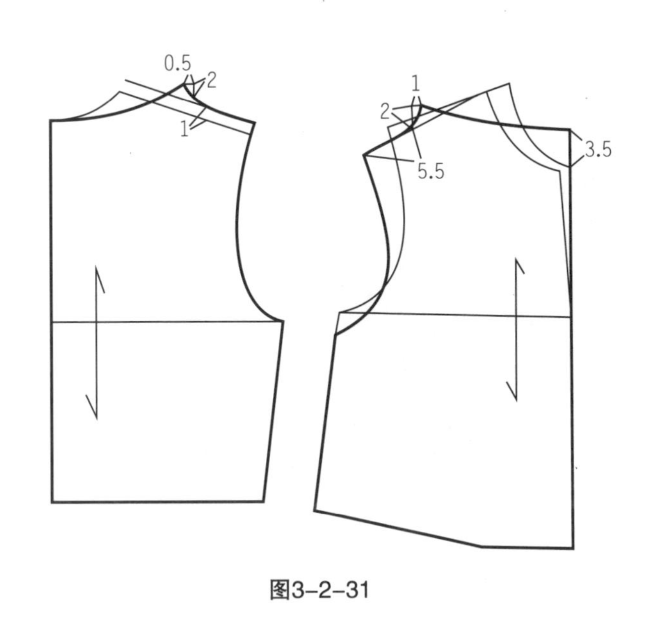

图3-2-31

双排钮斜搭门设计，前衣片略收省；后片肩省转成颈省。

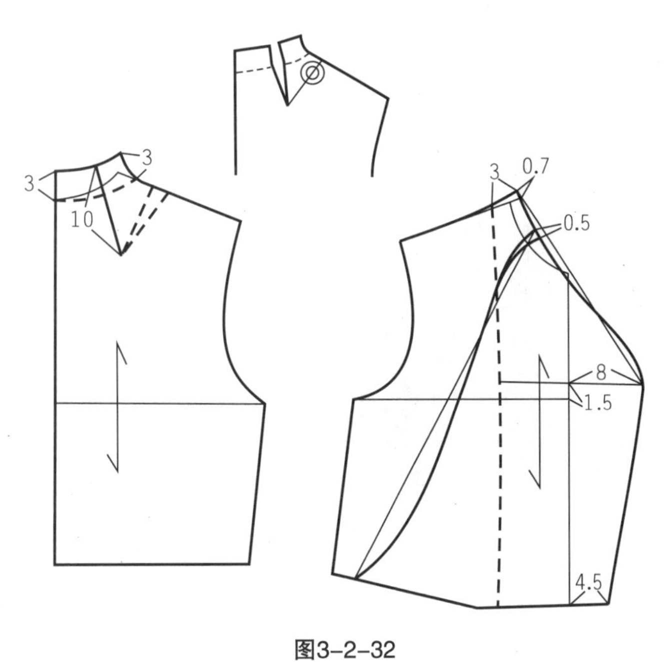

图3-2-32

开大基础领窝，前中原身出领上抬5cm左右；后领立领由前衣身延伸，领上口略收缩。

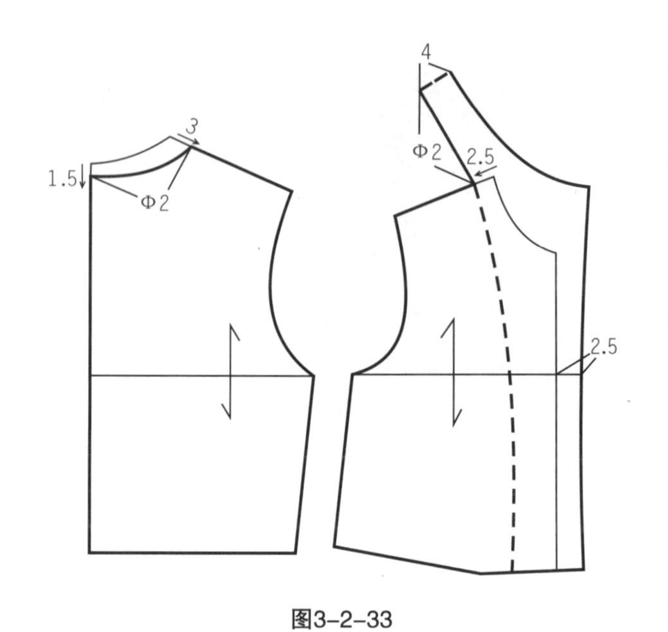

图3-2-33

后领为内倾型立领；前领略外倾呈垂褶领结构。

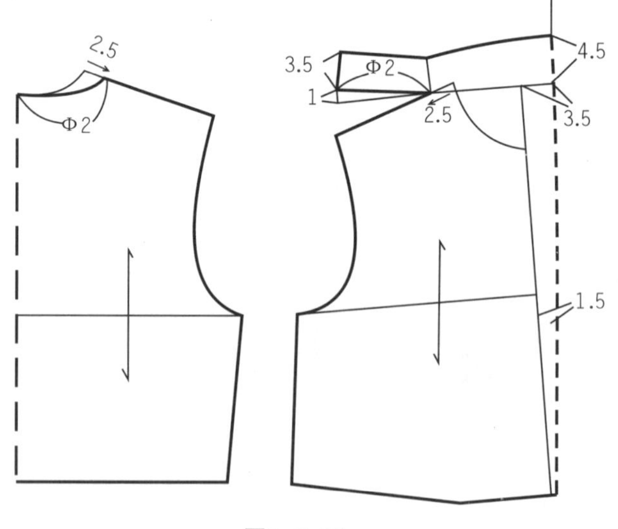

图3-2-34

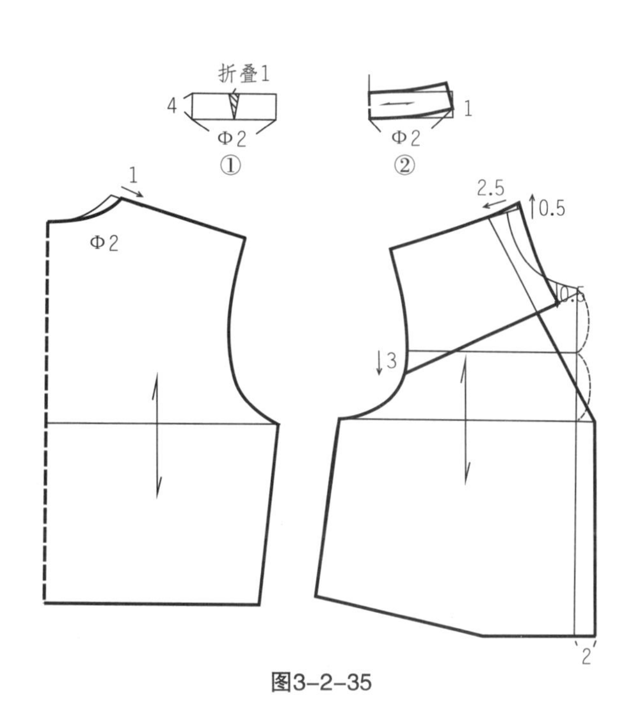

前领分割呈原身出领较平伏，后领呈立领；后领以高4cm长Φ2作长方形，领上口折叠1cm至领下口弧线起翘1cm。

图3-2-35

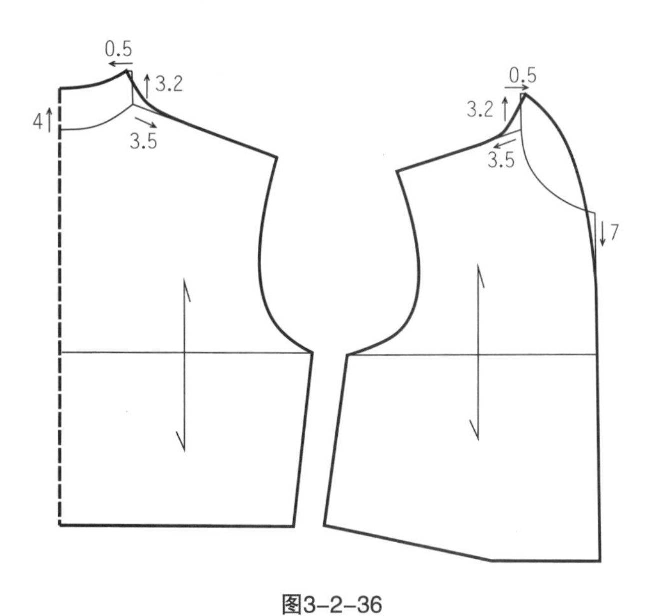

审视效果图确定肩领起始点和连立领高度；从肩线起始点开始内倾，根据效果图画顺肩线和前后领口造型轮廓。

图3-2-36

第四章
企　领

企领，从结构上可理解为在立领领座基础上装上翻领的结构，也可以说是由立领作内领领座，翻领作外领领面组合构成的一种领子。最典型的是男式衬衫领，领座领底线上翘较小，近似立领的直角结构，领型显得严谨、庄重。领座领底线上翘较大，领座成型后较平伏，领型显得干练、俏丽。变化领底线起翘量，选择领座高与领面宽不同的配比，可以设计出丰富多变的企领，广泛应用于衬衫、便装、大衣等服装。

第一节　企领结构原理

一、企领的结构特征

（一）企领造型概述

企领是由两部分组合构成，是在立领的基础上缝合翻领组成，企领的“企”和“伏”程度是由领底线曲度、领座和领面之间的结构关系所决定。企领结构线名称如图 4–1–1 所示。

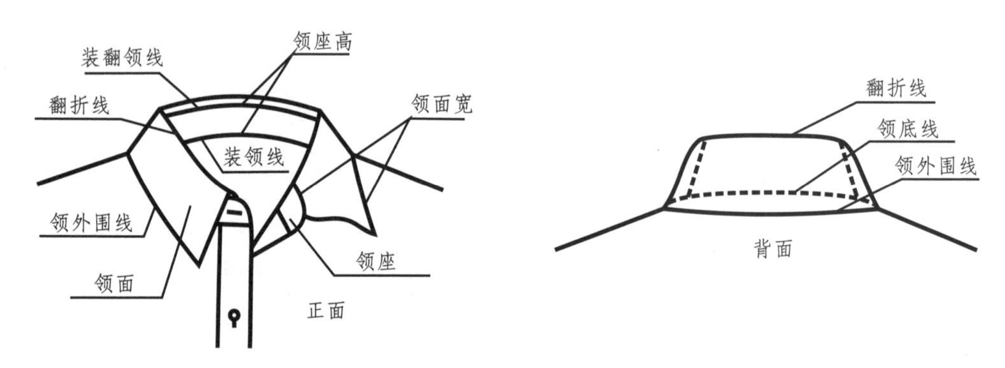

图4–1–1　企领结构线名称

企领从造型特征的角度体现为“企”和“伏”，所以有企领和半企领之说。企领是指立企程度较大的领型，如男士衬衫领，在结构上变现为领底线上翘尺寸较小，接近立领的直角结构，穿着后给人庄重、俏丽之感；相反，领底线上翘尺寸较大时，领座成型后较为平伏所以称为半企领。企领从结构特征的角度可分为连体企领和分体企领如图 4–1–2、图 4–1–3 所示。

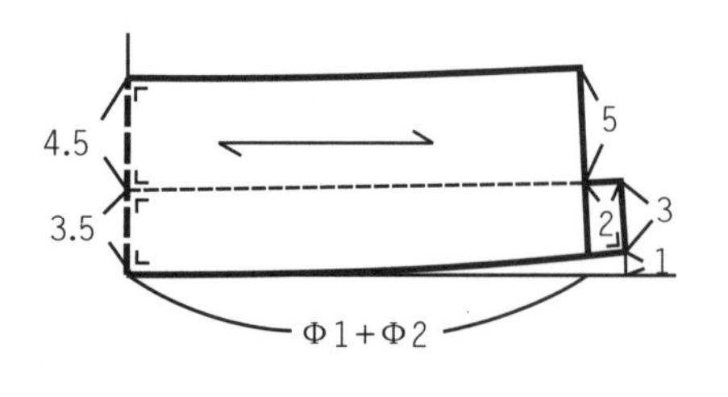

图4–1–2　连体企领

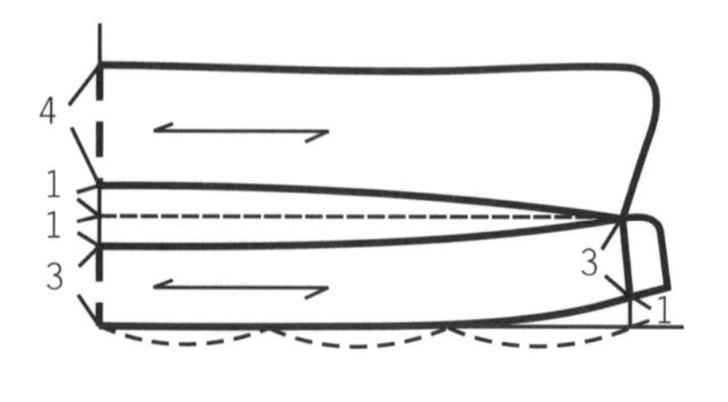

图4–1–3　分体企领

（二）企领的结构特征

由于企领是在立领的基础上缝合翻领的过程，所以企领的结构原理是建立在立领原理之上。如果将立领视为内衣，翻领则是外衣，自然外衣的尺寸容量是需要大于内衣才能很好的将内衣包裹住。因此领面的下口弧线曲度要大于等于领座的领上口弧线曲度时领面才能很好的覆盖住领座。企领的“企”和“伏”程度特征是通过领底曲线与领面之间的结构关系变化来调整的。

企领分连体企领和分体企领两种。连体企领，即立领与翻领是一体的，没有分割线。在连体企领中依据领座下口弧线的弯曲方向不同可以细分为合体连体企领与平企领即翻领结构如图 4-1-4、图 4-1-5 所示。连体企领是企领的领座上口弧线与领面下口弧线统一为企领翻折线的状态，是一种将工艺简化并适合便装的衣领。虽然连体企领与分体企领在结构规律上是一致的，但是连体企领的着装效果没有分体企领理想。因为领座和领面之间反向的容量（领座上小下大，领面上大下小）不可调节，所以穿在人体上会呈现领座上口弧线不能很好的贴合人体颈部的状态。

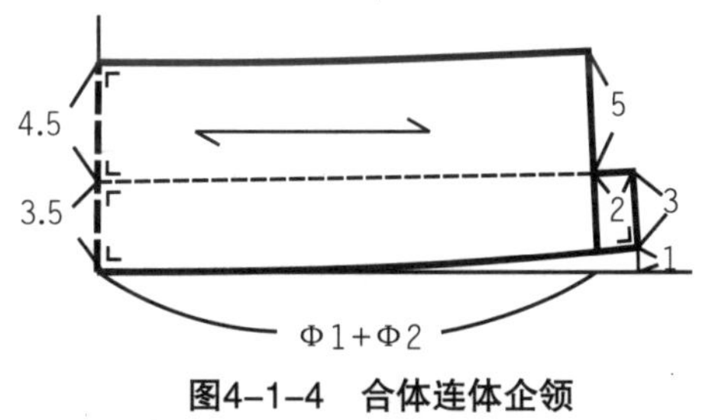

图4-1-4　合体连体企领

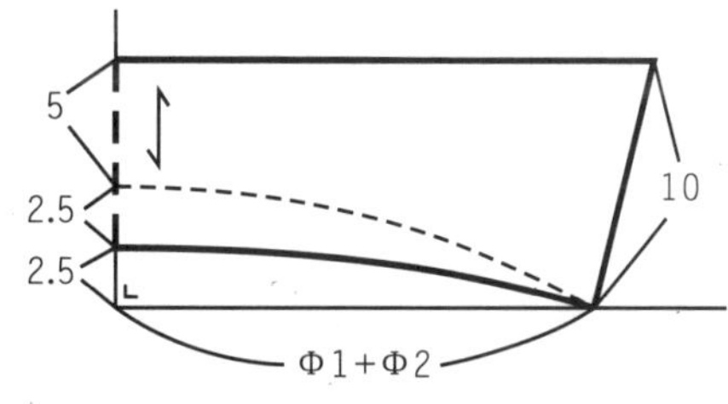

图4-1-5　平企领

然而这问题在分体企领结构中就得到了很好的解决。在分体企领中，领座领底线向上弯曲，形成了一个正立的圆台体；翻领领底线向下弯曲，翻下也是一个正圆台体，并适当加长领面的领外围线，方便领面向下翻折，两个正立的圆台体可以很好的相配合。领外围线和领角的形状是企领款式造型的设计，依据款式的不同而确定，与领子的内在结构无关。由领座和领面两部分组成的分体企领——领座向上弯，领面向下弯，分体企领在结构上能更好的贴合人体颈部。领面与领座之间的容量可以通过调节领面与领座两条曲线的曲度来调整。当领面下弯度大于领座上翘度较多时，领面远离领座，领面飘逸自然，给人一种休闲舒适的感觉；反之，如果领面下弯度略大于领座上翘度则领面贴近领座，给人严谨、俏丽的印象。

分体企领制图中各尺寸关系：

如图 4-1-6 所示，图中 A 为立领上翘尺寸，B 为翻领直上尺寸，C 为立领领上口线相对水平线的下落量，D 为立领后领高尺寸，E 为翻领后领宽尺寸，M 为翻领领下口弧线长，N 为立领领上口弧线长。

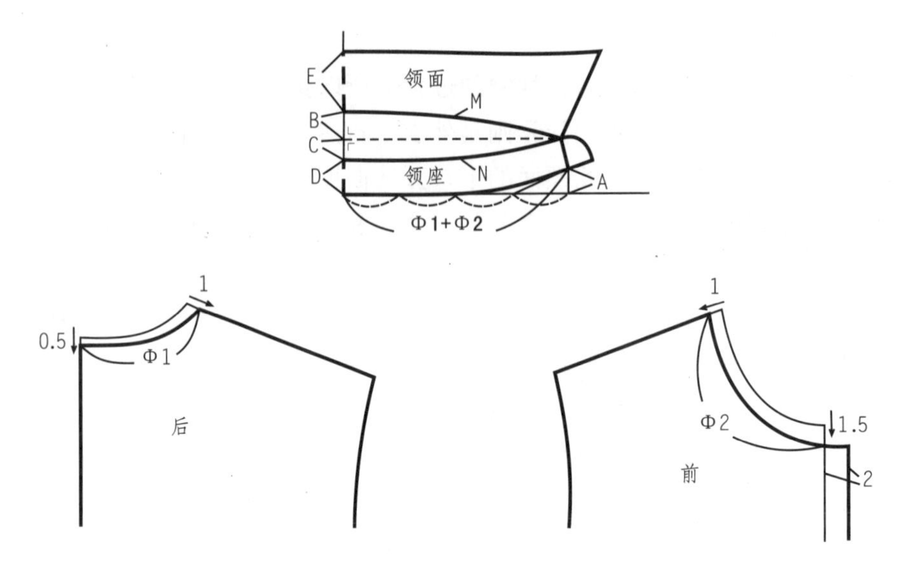

图4-1-6 分体企领尺寸关系

在分体企领的制图中最关键的数据尺寸是立领起翘尺寸 A，翻领直上尺寸 B，立领领上口线相对水平线的下落量 C。这些数据控制着企领的结构造型。

（1）立领上翘尺寸 A 的大小决定企领的“企”“伏”程度。当领座上翘尺寸 A=0 时，领座呈直立状态即“企”的状态；当领座上翘尺寸 A 取值较大时，领座呈“伏”的状态，当然领座上翘尺寸 A 也不能无限向上加大的，必须在满足领座上口弧线 N 的长度大于等于颈围的情况下才可以。

（2）翻领直上尺寸 B 受领面的宽度与形状影响，领面越宽则翻领直上尺寸 B 越大。

（3）在企领制作过程中始终保持领座上口线 M 与领面下口线 N 长度相等，N、M 弧线的曲度则需要依据款式、面料及工艺等变化而做出相应的调整。

企领结构中如果外层翻领宽度和内层立领的高度相等，面料又比较薄，那么 N、M 弧线应长度相等，曲度一致。而实际上外层的翻领宽度一定大于内层的立领宽度，依据立领下翻需要增加领外围容量的原理，M 弧线的曲度应大于 N 弧线的曲度，即 B 应大于 C，外层翻领才能下翻覆盖住内层立领，在内层立领后高度和前高度相等的情况下，这时 A ≈ C，B 必须随着领面宽度的增加而增加。领面宽度 E 增加，M 弧线的曲度也需相应增加。

二、企领结构变化原理

从本质上说，连体企领与分体企领的原理是一样的，分体企领是在连体企领的基础上加以改进变形得到的。可以理解为是将合体连体企领两块相连的长方形进行修改变化而得到贴合人体颈部的企领，如图 4-1-7 所示是连体企领变化到分体企领的一个过程。

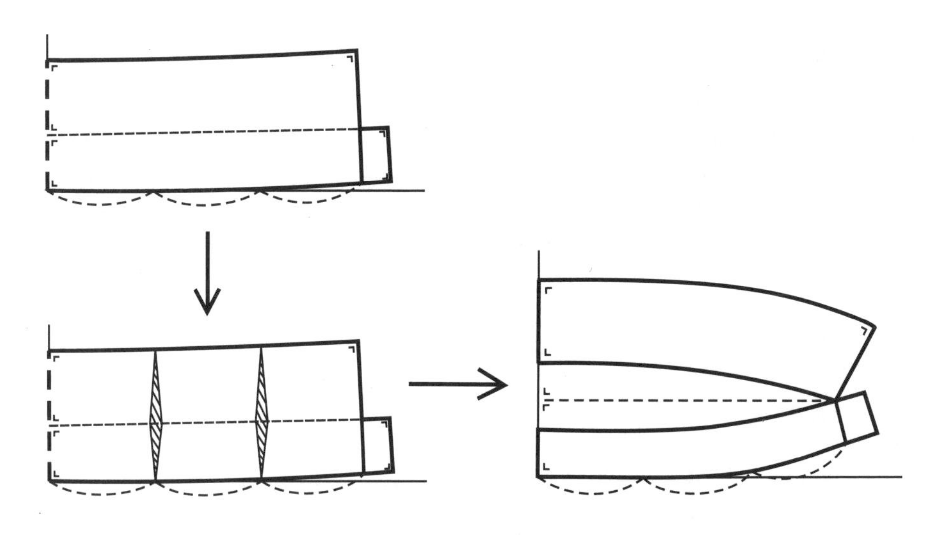

图4-1-7 连体企领到分体企领的变化过程

（一）对领座的处理修正

由于人体颈部是上细下粗的圆台体，所以立领的上口线长度一定小于领下口线长度。首先，分别测量出领上口线和领下口线长度，并计算出其差量。然后，将立领均匀地三等分，在领上口线处分别将差量适当地撇除即（使领上口线均匀缩短）。最后，由于立领上口线的缩短使立领领底线弯曲上翘，也就是展现领座起翘的原理。立领上口线撇除的量越多，则领座的上翘尺寸 A 越大，企领贴合脖子企的程度越明显。反映在服装造型上，则随着领座上翘尺寸 A 的不断增大，企领的“企”程度减弱，“伏”程度加强。

（二）对领面的处理修正

领面的结构与领座是相反的。企领是在立领的基础上缝制了翻领，因此，翻领的领外围弧线要大于等于领座上口长度，这样才能使领面很好地翻落并覆盖在领座上。因为领面的下口弧线长度等于领座上口弧线长度，所以对应于领座上口弧线的缩短，领面的下口弧线也需要做均匀地缩短处理。当然，缩短领下口弧线的同时，翻领呈现出一种向下弯曲的现象(即翻领的直上尺寸 B 变大）。翻领的领外围弧线展开的量越多，则翻领的领下口弧线曲度越大，翻领的直上尺寸 B 也越大，领面越容易向下翻折。

（三）企领变化原理

在研究企领的变化原理之前，我们先用如图 4-1-8 所示的同一连体企领纸样结构选择不同厚度的面料来制作两款企领。

图 4-1-9 和图 4-1-10 显示了两种不同厚度的面料制作的企领效果，因面料厚度的不同，同一企领纸样制作出来的成衣企领效果完全不同。

通过照片可以看到，图 4-1-9 薄型面料制作的企领较服帖，也很容易下翻并盖住领座底线，正面不会出现起翘扭曲之状；而图 4-1-10 厚型面料制作的企领则很难翻下，在正面领角存在起翘现象，背面领座底线也不能被领面所遮盖。导致以上现象的原因是因为图 4-1-9 所示的面料很轻薄柔软，领座本身的厚度很小，领面与领座之间不需要太多的容量，领面就能轻松地翻下覆盖在领座上。而图 4-1-10 所示的面料较厚，作为内层的立领领座就更厚，翻领领下口弧线与立领领上口弧线曲度相等，导致翻领与立领之间没有容量，所以领面很难翻下来覆盖住领座，同时由于领面受到的张力很大，所以在正面效果图上也可以看到领角翘起的情况。

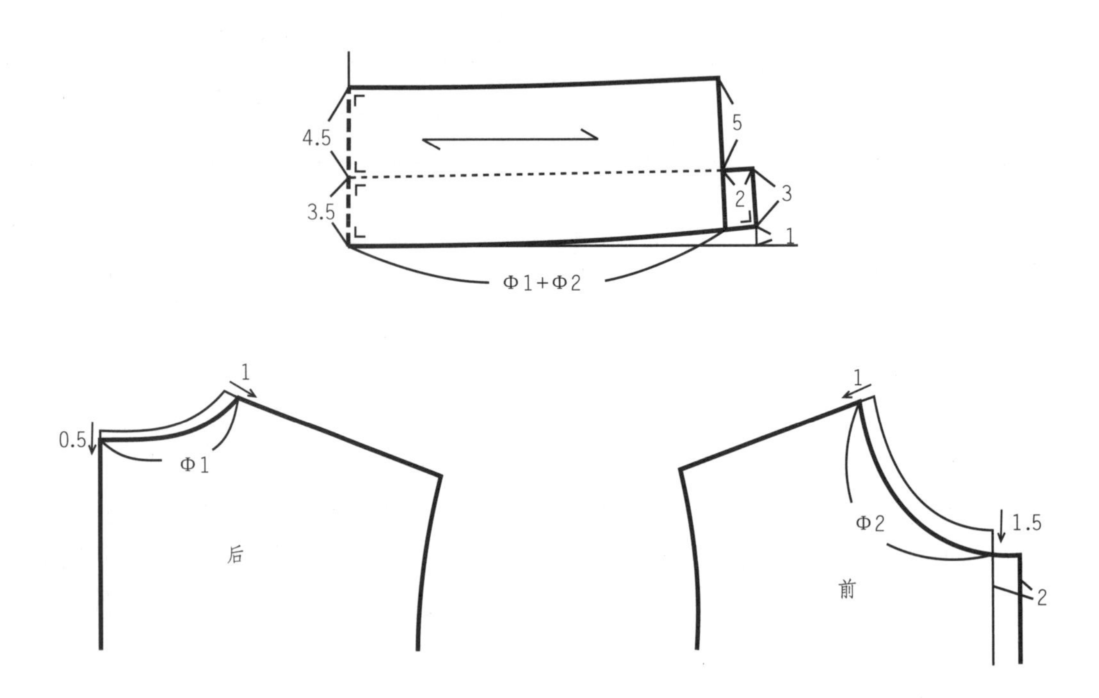

图4-1-8 连体企领的结构图

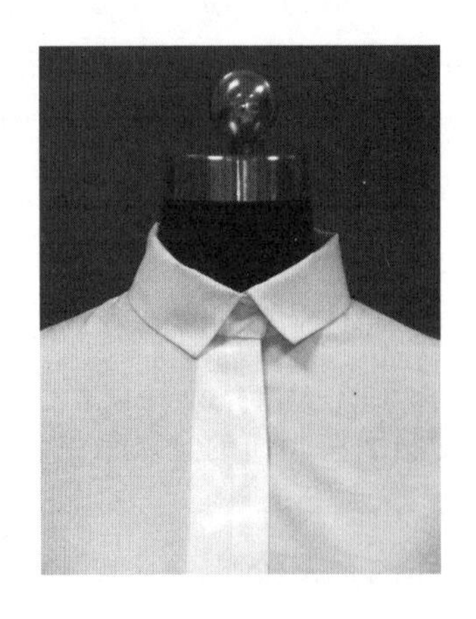

图4-1-9 薄面料制作的连体企领效果

图4-1-10　厚面料制作的连体企领效果

通过上面企领的变化原理这一实验，可以清楚地看到不同厚度的面料用同一企领纸样制作并不合适。面料越厚，控制翻领外沿容量的直上尺寸 B 值就越应大于立领领上口线相对水平线的下落量 C 值，也即领面下口弧线 M 的曲度应大于领座上口弧线 N 的曲度。

如图 4-1-11 展示的是加大企领翻领外沿容量的修正操作，剪切其侧面所展开的量

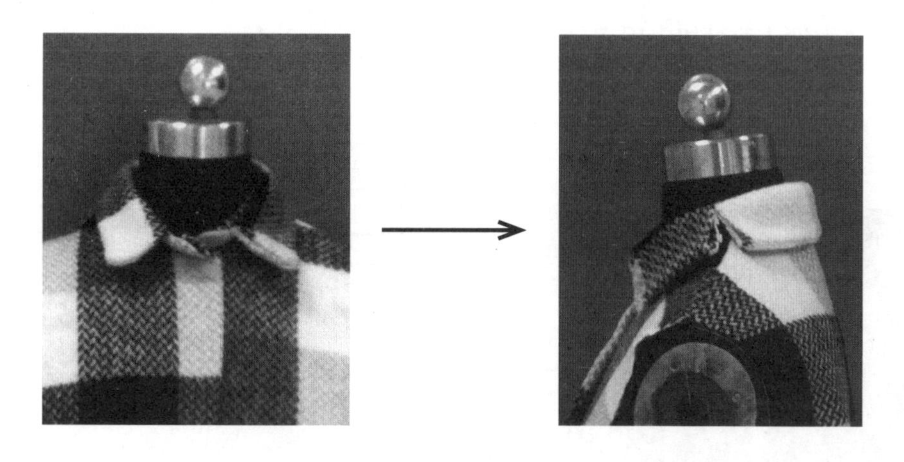

图4-1-11　加大翻领外沿容量的操作图示

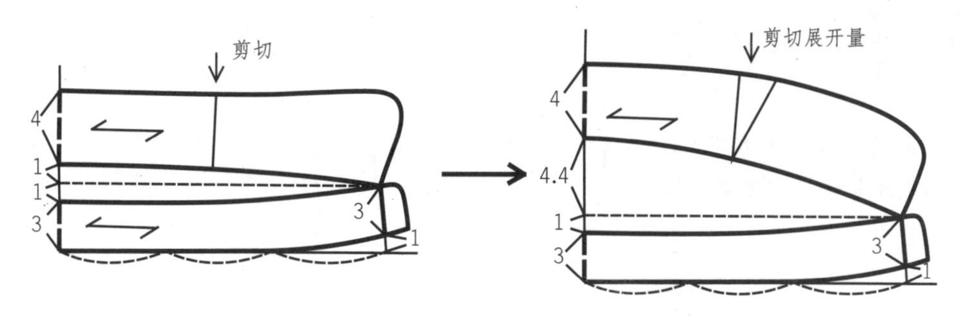

图4-1-12　增加翻领领下口弧线曲度结构图示

就是为了加大翻领直上尺寸 B 值的量，与之相应的结构设计过程如图 4-1-12 所示。

除了面料厚薄会对企领外层翻领的直上尺寸影响外，翻领与立领的宽度差量是另一个更重要的因素，翻领与立领的宽度差量越大，企领外层翻领的直上尺寸 B 取值应越大。

思考题：

1. 简述企领结构演变原理。
2. 企领起翘对企领造型的影响？
3. 企领领面领座差量对结构有何影响？
4. 面料厚薄对企领结构有何影响？

第二节　企领结构原理应用案例

企领结构设计的具体应用案例参见图 4-2-1 ~ 图 4-2-14。

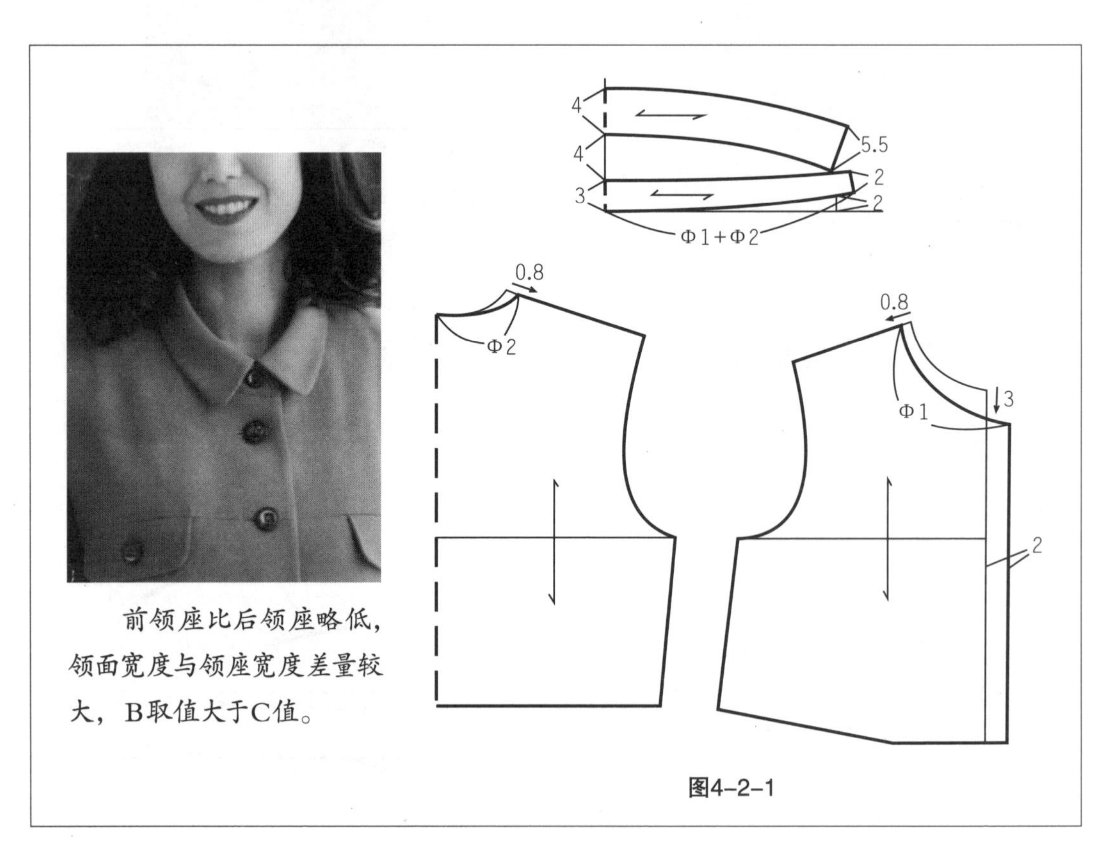

前领座比后领座略低，领面宽度与领座宽度差量较大，B取值大于C值。

图4-2-1

领面领座差量较大，B取值大于C值。

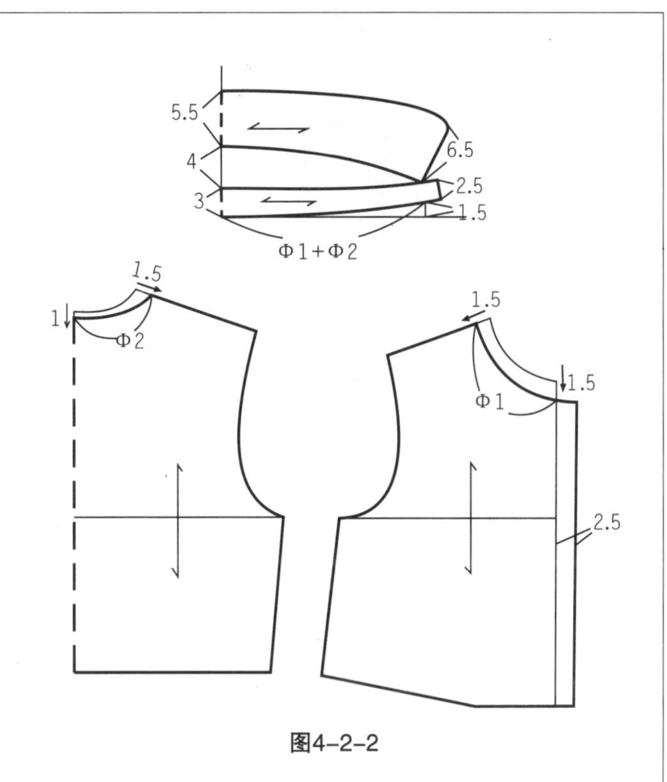

图4-2-2

领座较低，翻领与领座差量较大，翻领需较多的外围容量，B宜取较大值。

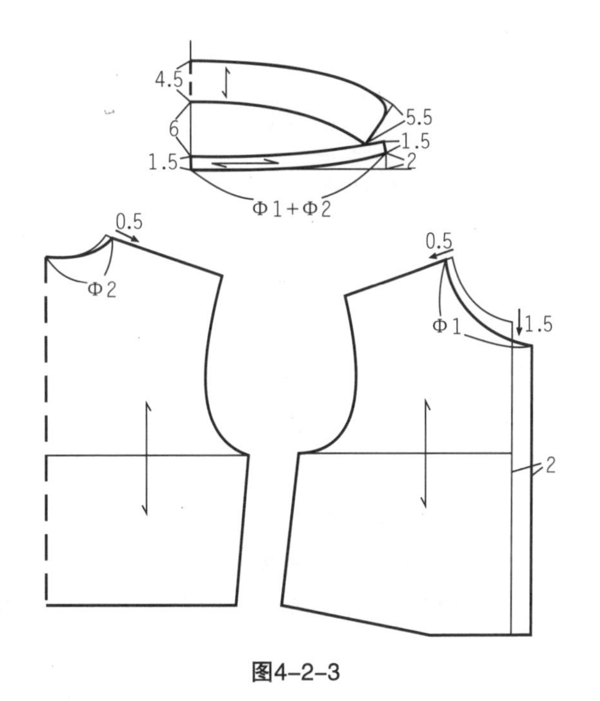

图4-2-3

领座较企，A宜取较小值，翻领宽度与领座宽度差量较小，B略大于C即可。

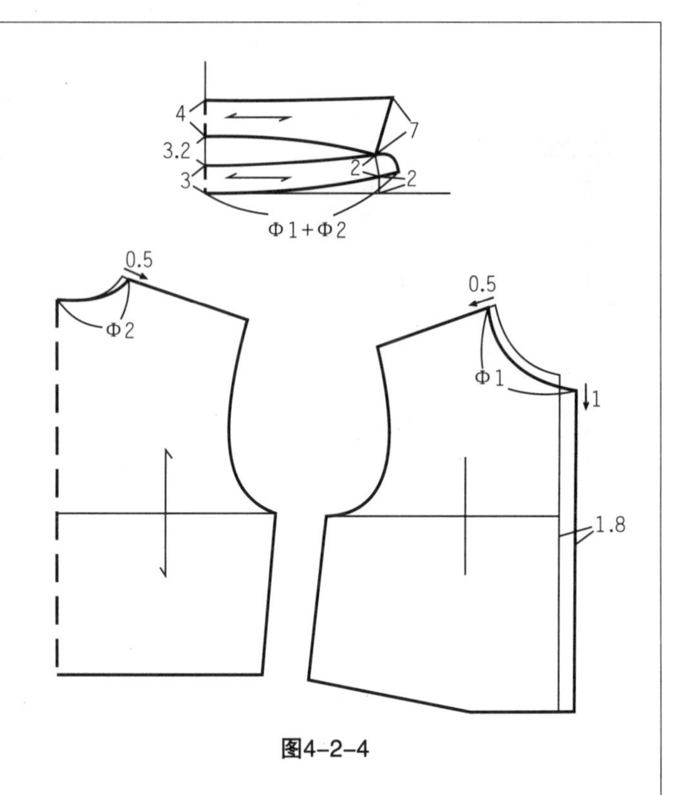

图4-2-4

领座较企，起翘取1.5cm，翻领与领座差量虽较大，但翻领底部也保留部分领座，所以B不用取较大值。

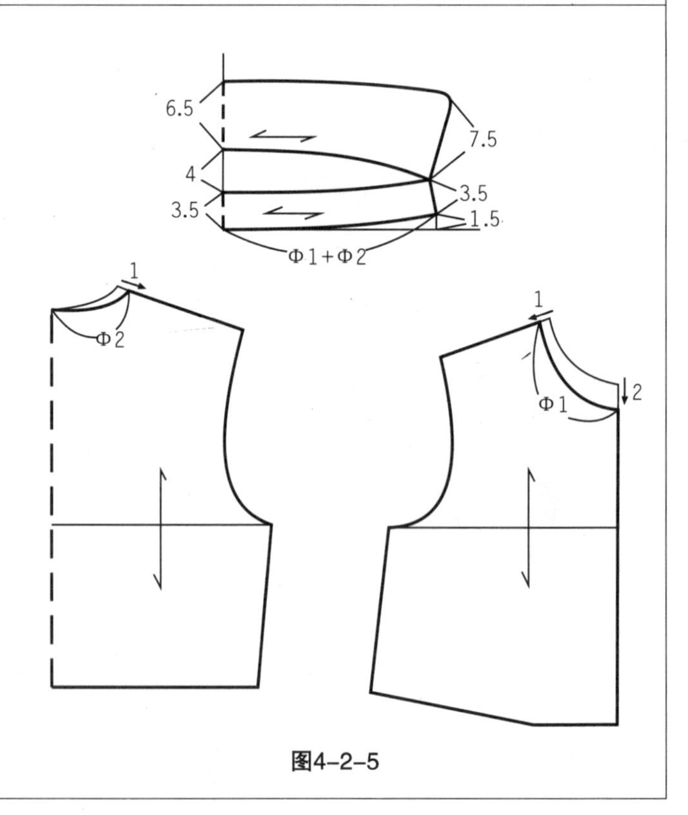

图4-2-5

领座较企，起翘值A宜较小，翻领宽度与领座宽度差量较小，B取值微微大于C值即可。

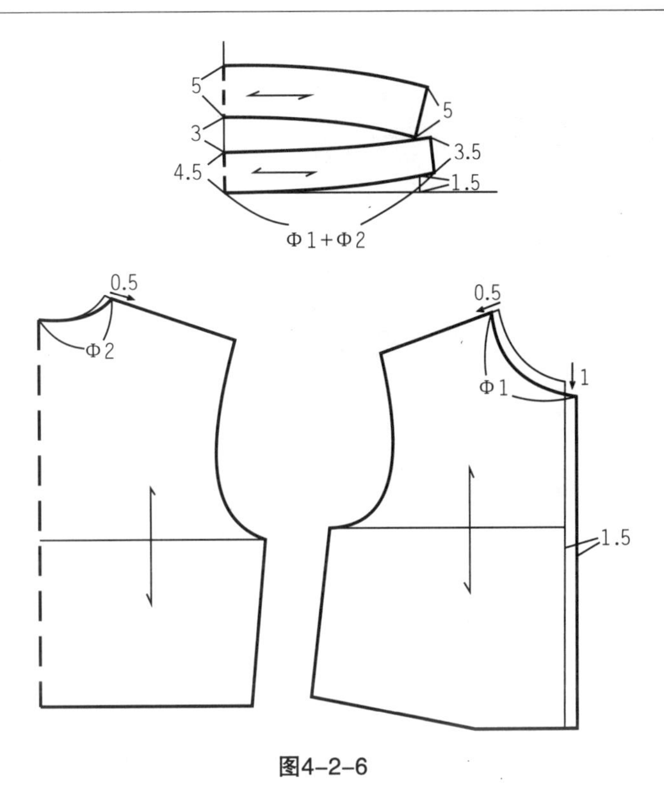

图4-2-6

前领座较后领座低，C小于A，前领座宽度与后领座宽度差量稍大，B也应稍大于C。

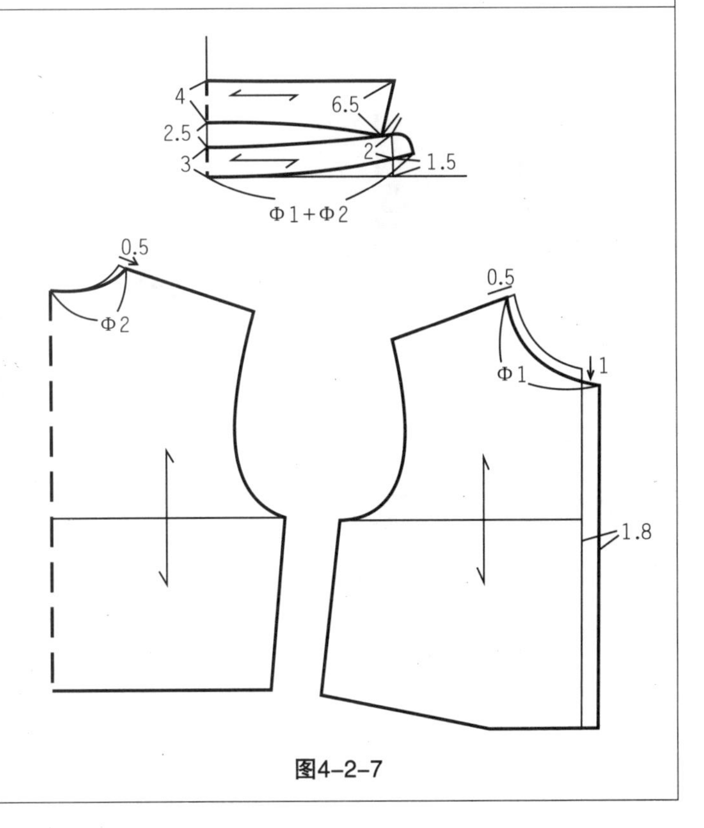

图4-2-7

领座较企，起翘宜取较小值，翻领宽度与领座宽度差量不大，B稍大于C即可。

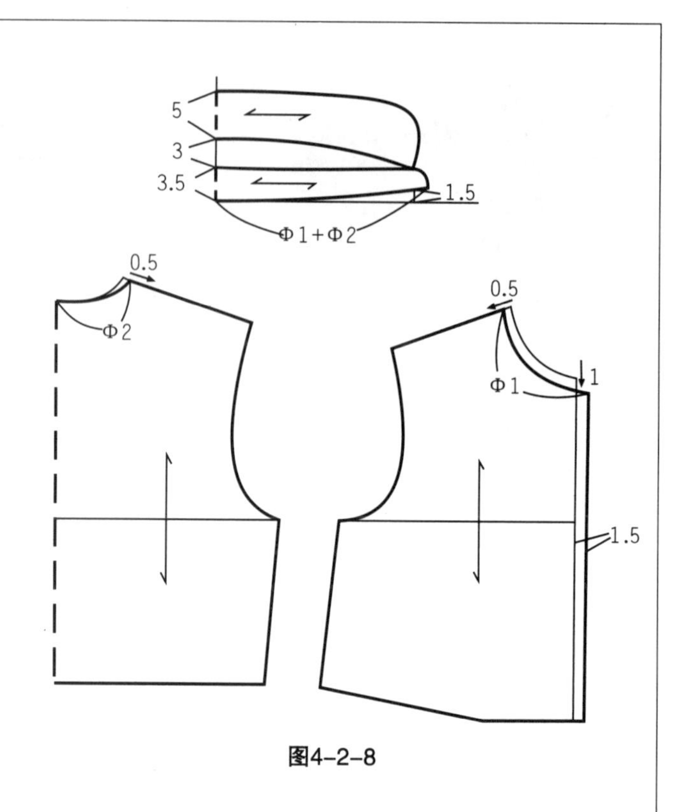

图4-2-8

领窝比基础领窝略大，领座较高，邻座较贴合脖子，起翘A为1.5cm。

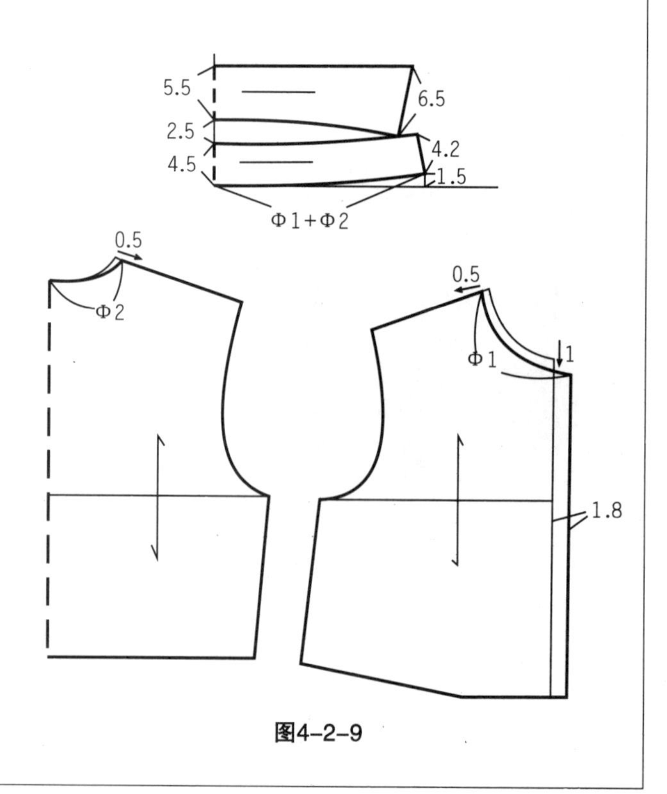

图4-2-9

领座较企，起翘A宜较小，翻领宽度与领座宽度差量较大，B较C应取较大值。

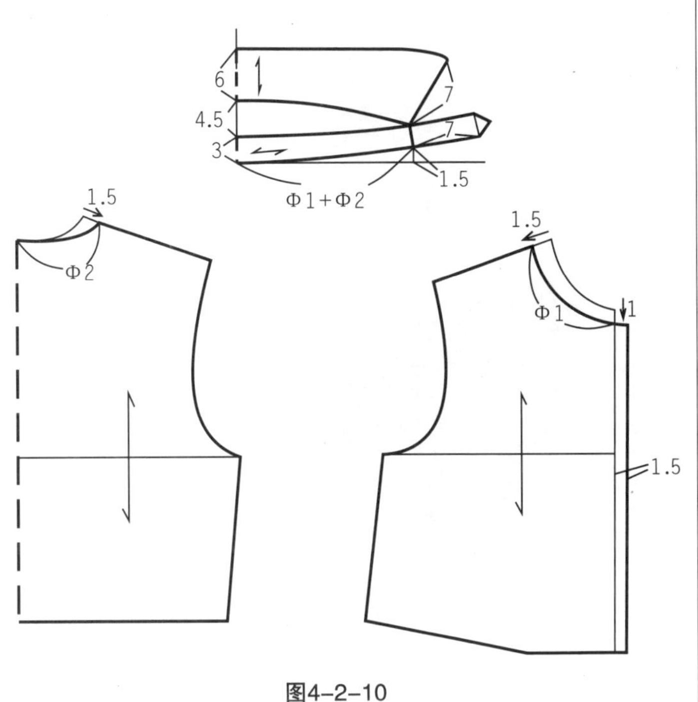

图4-2-10

领座较企，起翘A宜较小，翻领宽度与领座宽度差量较大，B较C应取较大值。

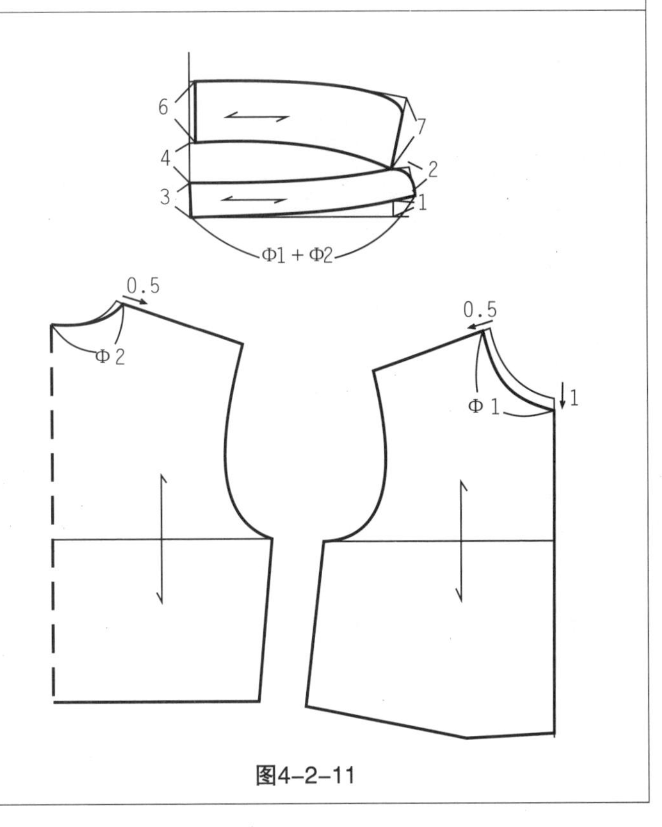

图4-2-11

领座较企，起翘A宜较小，翻领宽度与领座宽度差量较大，B较C应取较大值。

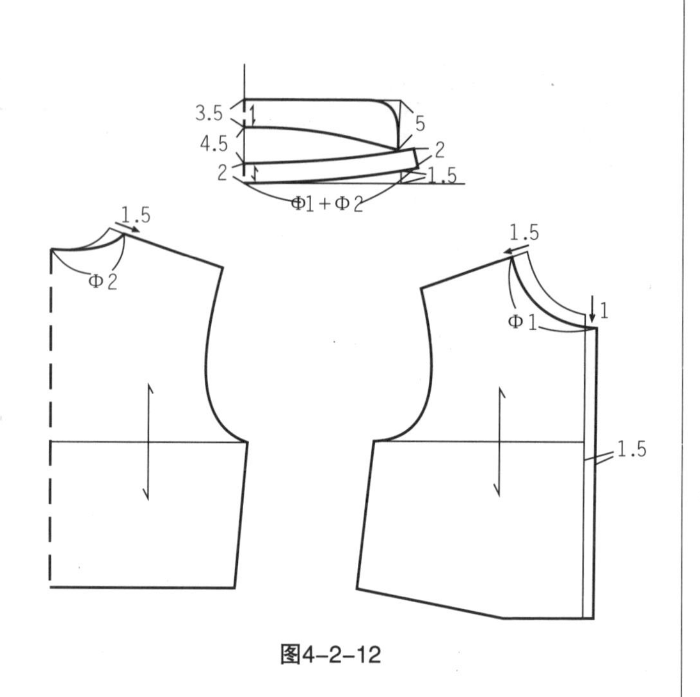

图4-2-12

立领领座较企，起翘A宜取较小值2cm，翻领宽度与领座宽度差量较大，B应较大于C。

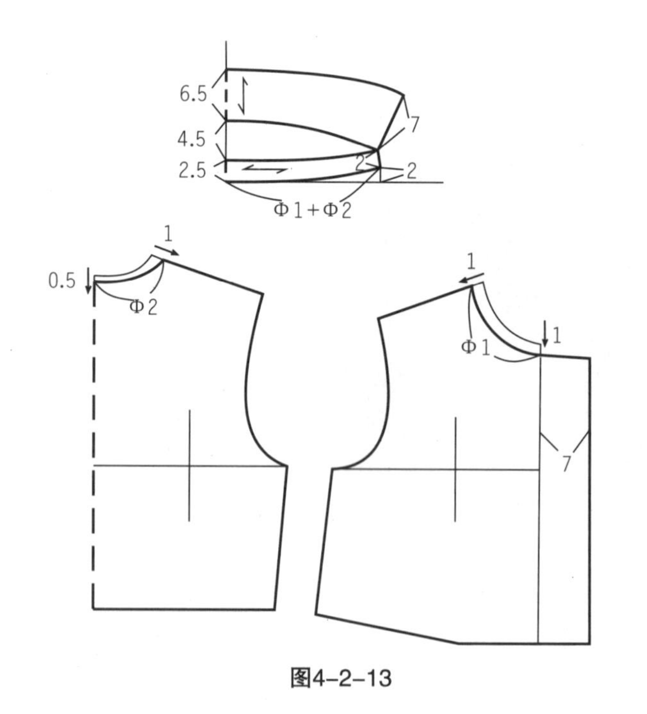

图4-2-13

立领领座较企，起翘A宜取较小值1.5cm，翻领宽度与领座宽度差量较大，B应较大于C。

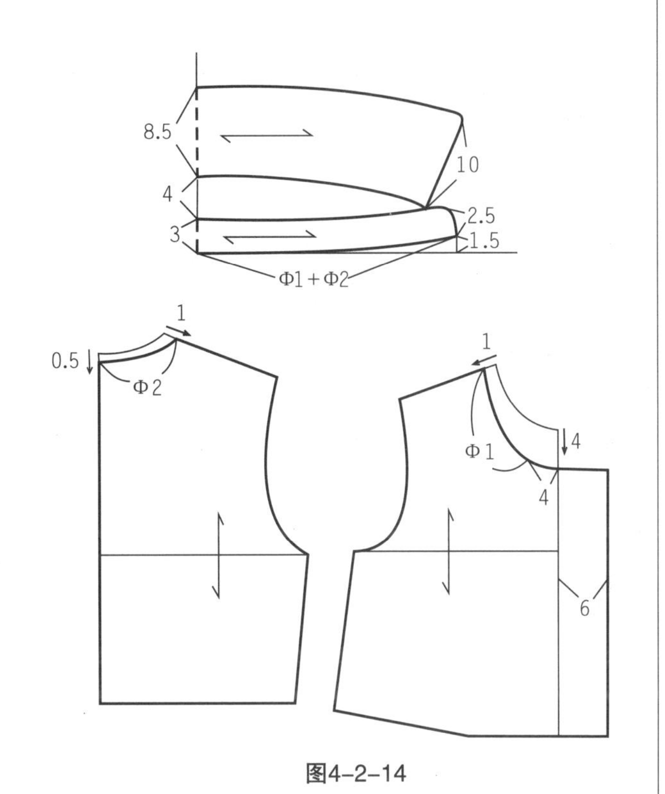

图4-2-14

第五章
翻　领

当外倾立领的领上口线加长到一定量时，领上口线就能翻折下来落在肩上，于是形成了由领座和领面两部分组成的翻领。通常领面宽大于领座高，成型后翻领面盖住领座。根据领座高低，翻领分为领座小于 1cm 的平贴领和一般翻领。翻领显得随意、柔和，是各类领型中最富于变化的一类领型，广泛应用于各类服装的设计中。

第一节　翻领结构原理

一、平贴领

平贴领是指领座很小（小于 1cm），翻领几乎平摊在肩上的领子，也叫扁领、披肩领。平贴领从结构上讲是立领领底线下曲的极限状态。在第三章立领下曲的原理中已经提到，立领的领底线下曲越大，立领翻折越多，当立领的领底线曲度与领口线的曲度完全相同时（曲度相同，方向相反），立领就全部翻贴在肩部，立领特点消失，变成平贴领结构。

从理论上讲，当领座为零时，翻领应与衣身相应部位结构完全一致，其制图方法可用前后衣身在肩线处合并，在衣身上按照造型直接绘出领口线。图 5-1-1 为肩线处没有进行重叠处理做出来的翻领，可以明显地看到无论前后翻领均会出现漂浮现象。

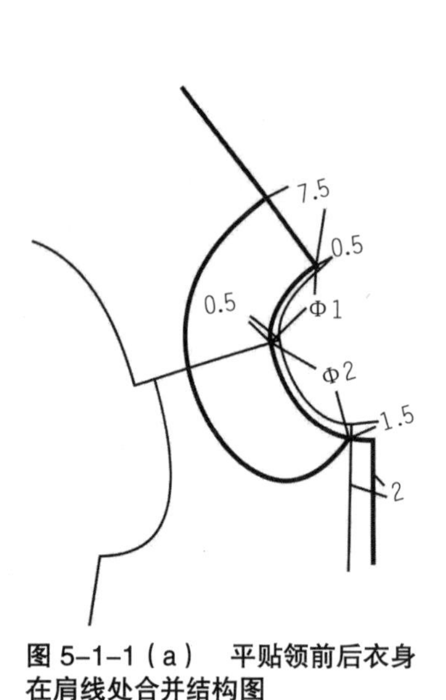

图 5-1-1（a）　平贴领前后衣身在肩线处合并结构图

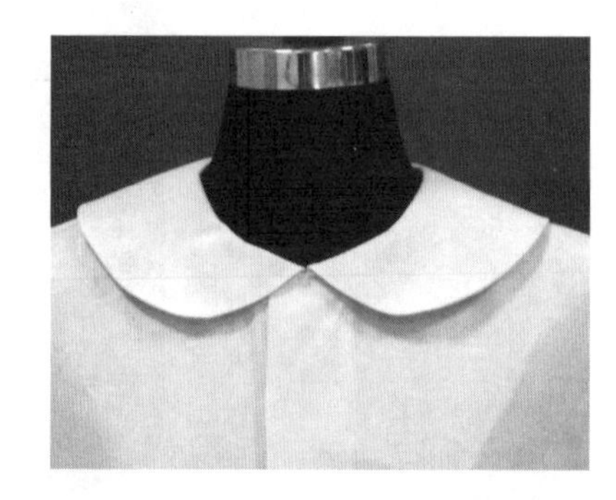

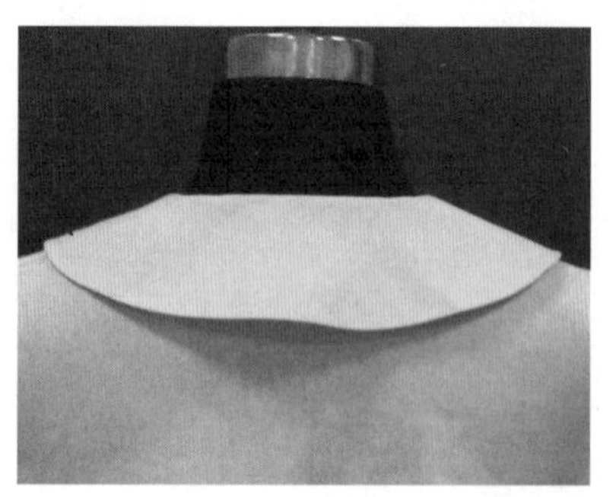

图5-1-1（b）　平贴领前后衣身在肩线处合并效果图

图 5-1-2 为在肩线处作 2cm 左右重叠处理后做出来的翻领，领与衣身较贴合，不出现漂浮现象。肩线处有重叠量与无重叠量做出来的翻领的效果是不一样的。那为什么平贴领在制图时肩外端必须重叠一定的量呢？那是因为衣片结构制图时，肩线、袖窿、

侧缝的牵制加放了不同程度的松量，而领子外沿没有受任何牵制，如果制图时肩线处没有进行重叠处理而直接合并，领子外沿就显得宽松而会飘浮起来。

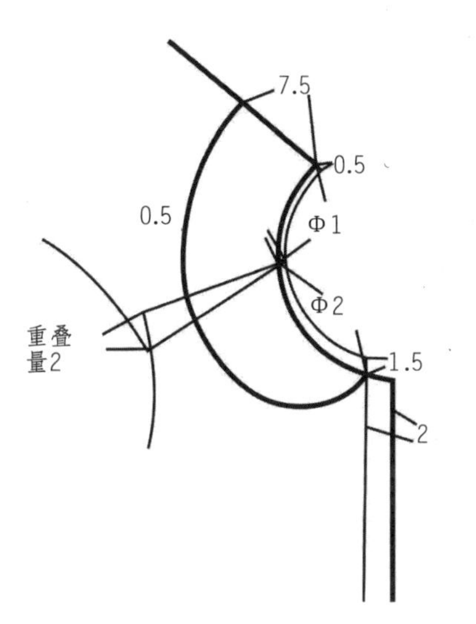

图 5-1-2（a）　肩外端重叠2cm结构图

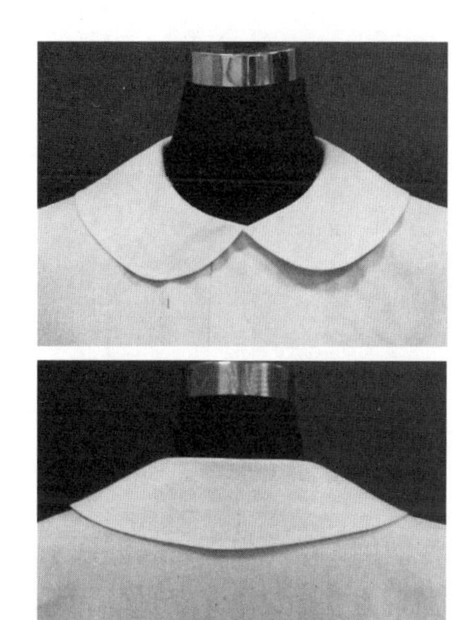

图5-1-2（b）　肩外端重叠2cm效果图

平贴领可以理解为扁领的标准结构。为了获得平贴领领底线曲度的准确性，通常借用前、后衣片的领圈作为依据。通过上述比较分析，平贴领贴肩和接缝隐蔽的原则，是将领底线处理成偏直于领口曲线，因此借用前、后衣片领口时，应在前、后肩部重叠 2cm 左右，由此产生的领口曲线并在此基础上画顺即为平贴领的领底线。最后根据领子造型，直接在前、后衣片纸样上画出平贴领领外围线，完成平贴领。

从平贴领的结构可以看到，制图中的平贴领领外围线比前、后衣片对应部位的尺寸实际上要短些，平贴领底线曲度比实际领口曲度偏直。这种结构制成以后，自然使平贴领的外围向颈部拱起，造成领接缝内移，领圈呈现微拱形，并产生微小领座。当然，这种拱形的大小可以选择，它取决于前、后衣片纸样肩部重叠量的多少，重叠越多领座越明显且越趋向翻领结构；重叠越少领座越小且越趋于纯平贴领结构。因此，完全可以依设计者的理解或造型要求而变化。

平贴领的内在结构是相对稳定的，否者就不称其为平贴领，它的变化结构主要是靠外在的造型设计。另外，由于平贴领的领座很小，使颈部的活动区域无任何阻碍。因此，平贴领多用在便装和夏装中，如海军领、荷叶领、T 恤领等。

海军领，也叫水手领，属扁领结构，前、后衣片肩部重叠量较少。在纸样设计上，前、后衣片的侧颈点重合，肩部重叠量 1.5cm，确定领底线曲度，按款式造型要求，把前领口修成 V 字形，以此为基础画出水兵领型。如图 5-1-3 所示，当然也可把这种水兵领设计成领座较高的造型，那就只要增大前、后肩的重叠量就行，使领底线偏直于领口，重新画出水兵领型，如图 5-1-4 所示。

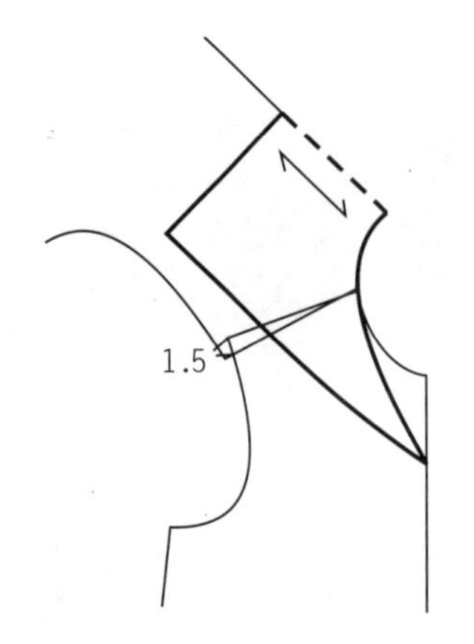

图5-1-3　肩外端重叠1.5cm结构图

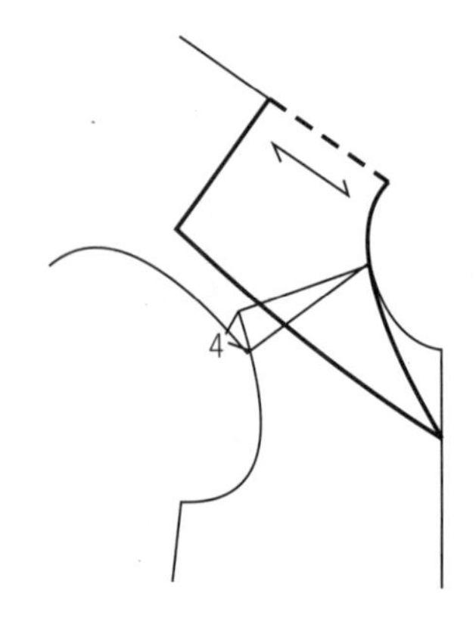

图5-1-4　肩外端重叠4cm结构图

从上述的例子中可以看出，利用前、后衣片肩部重叠量的大小来把握平贴领底线的曲度，肩部重叠量越大，平贴领底线曲度越小，领圈拱起幅度越多，这意味着平贴领的领座增加，领面相对减少，趋向翻领结构；相反，如果领型的外沿容量需要增加，也可以将前、后衣片肩线合并使用。当造型需要有意加大平贴领的外沿容量使其呈现波浪褶时，需要通过领底线进行大幅度的增弯处理，也就是说，领底线弯曲度远远超过领口线弯曲度，促使外围增大容量。方法是通过切展使领底线加大弯曲度，增加外围长度，加工时，当领底线还原到领口弯度时，使领外沿挤出有规律的波浪褶。这就是所谓荷叶型平贴领的纸样设计。在纸样处理中，为达到波浪褶的均匀分配，采用平均切展的方法完成，波浪褶的多少取决于平贴领底线的弯曲程度，如图 5-1-5 所示。

平贴领的造型结构是极为丰富的，这主要表现在领与领口造型的组合上，可以说有多少种领口的形式就可以设计出多少平贴领。组合方式的不同，又可以造成不同的

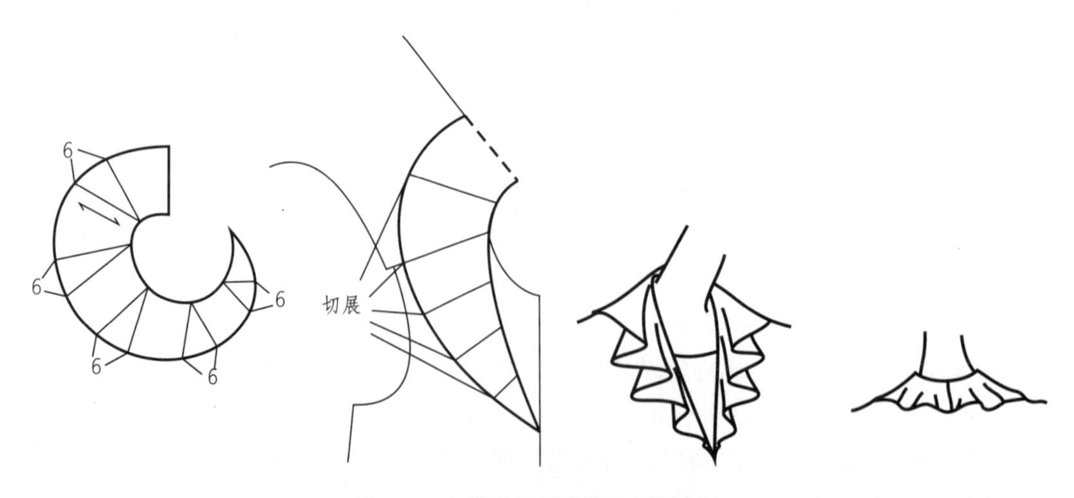

图5-1-5　荷叶型平贴领的纸样设计

效果。然而无论平贴领如何千变万化，它的基本结构规律不变。有时它与企领组合成很复杂的结构形式，但不能脱离这一基本原理。

二、翻领

（一）翻领的概念

翻领是关门领中的一种，由领面和领座组成，领座环绕覆盖颈部，领面则被翻出遮盖衣身，如图 5-1-6 所示。领座和衣身的拼合线称为领底线，领面和领座的界线称为翻折线，而领面依靠在衣身上的线则是领外弧线。翻领作为最常见的领型之一，具有简单、大方、优雅的特性，常被运用于各种衬衫和外套中。

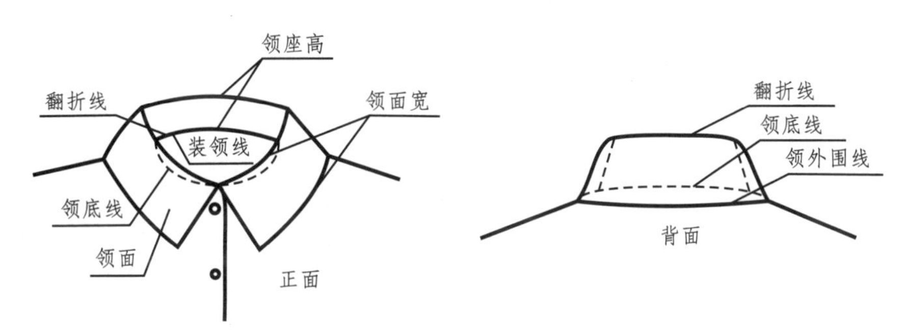

图5-1-6 翻领结构线名称

（二）翻领的制图方法及变化原理

1. 翻领的制图方法

翻领制图方法主要有：前领窝制图法如图 5-1-7 所示、剪切展开法如图 5-1-8 所示、直上尺寸法如图 5-1-9 所示、肩外端重叠法如图 5-1-10 所示等。

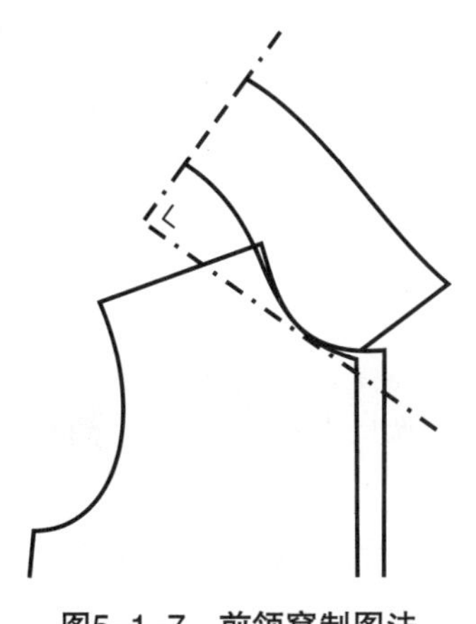

图5-1-7 前领窝制图法

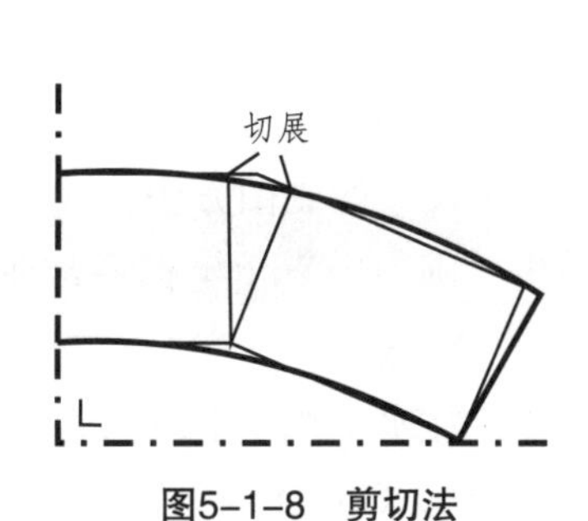

图5-1-8 剪切法

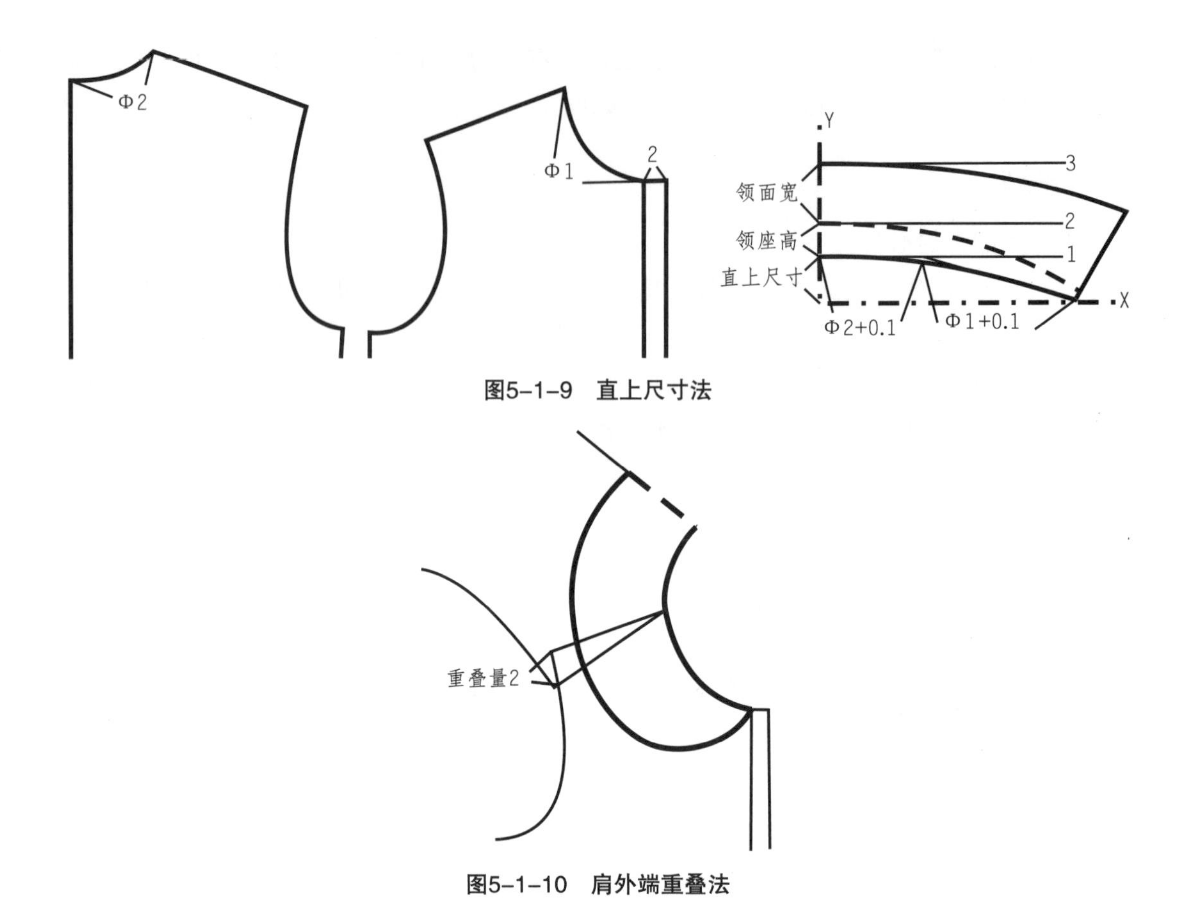

图5-1-9　直上尺寸法

图5-1-10　肩外端重叠法

肩外端重叠法，是根据前后片原型纸样肩外端重叠一定量直接画出领造型的方法。前领窝制图法，是一种结合前衣片进行制图的方法，在结构上较为合理。剪切法是领外弧线在侧颈点处 SNP 上剪一刀，使它展开一定的领外围容量成为翻领结构。直上尺寸法，是根据经验按领座领面差量确定直上尺寸的制图方法。

可以看出，上述四种不同的制图方法，最后显示出相同的结果，即通过领底线下弯使得领外弧线长于领底线，让领面成功沿着翻折线翻折下来。在实际操作中，大部分人往往会选择用直上尺寸法来制版，直上尺寸法简单、方便，但直上尺寸的方法必须依赖实践经验。为了方便理解，如果在图 5-1-7 ~ 图 5-1-10 上添加了点划线坐标，四种方法都可以统一到切展领外围容量领底线向下弯曲的原理。下面具体介绍各种翻领制图方法。

（1）直上尺寸的制图方法，如图 5-1-9 所示。

第一步，画一个直角坐标系，在 Y 轴上依次取直上尺寸、领座高和领面宽的数值做水平线 1、2、3。

第二步，在水平线 1 上取值为后领弧长 +0.1cm 的线段，再在 X 轴上取点相连，使其长度为前领弧长 +0.1cm，这样领底线就能做出来了，而其中的两个 0.1cm 就能补齐在修正领底线时损失的差量（注：这个 0.1cm 需随着直上尺寸的增加而略增加）。

第三步，根据款式做出翻领领外弧线和翻折线。

那么，直上尺寸法中的各个数据是怎么来的呢？一般情况下，我们可以通过领面与领座的差量大小来选择直上尺寸，从而做出符合造型的翻领。因此，制作翻领纸样时最重要的数据就是直上尺寸，那么这个尺寸是怎么来的呢？它的作用是什么？首先来看其造型，翻领的造型主要有以下特点：领面与领座面积相差较大，领面要覆盖在领座之上并且领外弧线服帖在衣片上，而领座从后中到前中逐渐变小，甚至消失。在实际操作中，领底线有上翘、水平、下弯三种形态。当领底线上翘时，也就是立领的制图方法，此时领面根本无法下翻，所以领底线上翘根本不适用于翻领。当领底线水平时，可以做个领高 7cm 的长方形领片进行裁衣试样，因为领外口弧线与领底线等长，缺少领外围容量，领面可以下翻的程度受到限制，如图 5-1-11 所示，翻领甚至盖不住绱领的领底线。

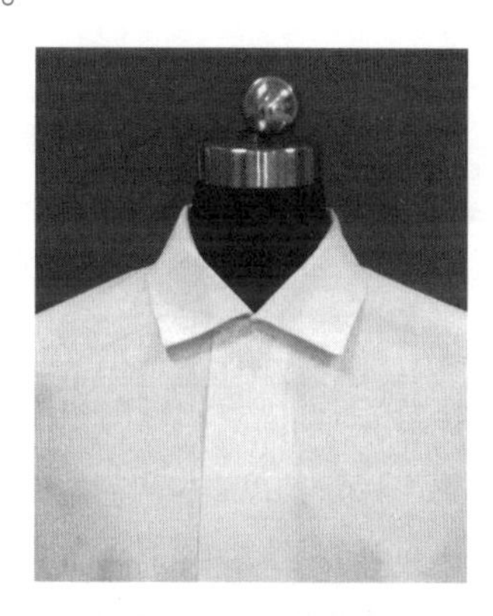 

图5-1-11 长方形翻领前后效果

通常领面比领座大，把上图中的领子强行翻折成领座高 2.5cm，领面宽 4.5cm，如图 5-1-12 所示，此时发现领外弧线太短导致衣片领窝起褶，要使翻领能方便地翻折下来并覆盖住领座，必须增加领外沿容量。

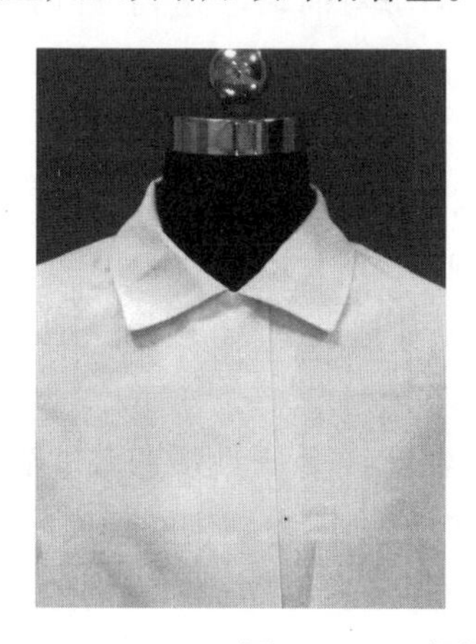 

图5-1-12 领外沿容量不够翻领效果

长方形对应侧颈点的部位对领外围进行切展，使领底线自然下弯形成有一定直上尺寸的翻领，翻领就可以很方便翻折下来，而且领外弧线完全覆盖领座。因此，要使领外围弧线服帖衣身，必须在侧颈点附近切展增加一定的领外围弧线容量，领面下翻就容易多了。

直上尺寸结构设计一般采用固定的参数，这样在制图中比较方便、快捷，这是直上尺寸法的优点，但是此方法结构设计缺乏适应性和变化性，需依据实践积累的经验。如果领型结构出现略微差异时，利用此方法进行领型设计就很难准确把握。

（2）剪切法

剪切法其实是直上尺寸法的原始操作过程。如图 5-1-13 所示，领底线水平的长方形领片，为了使其服贴，在领子侧颈点剪开，使其有一定的角度，然后通过调节角度的大小，使领子服贴于衣身上，这就是剪切法的原理。此方法比较适合立体裁剪。

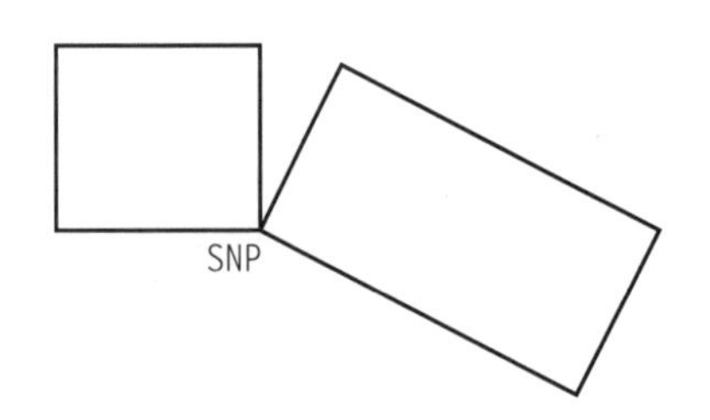

图5-1-13 剪切法图示

从得到的样板中可以看到，翻领的领底线呈下弯形态，而下弯所形成的数值就是直上尺寸。一般情况下，当领座高不变，领面宽变大时，为了使翻领服贴衣身，其领外弧线要变长。在作图过程中可以发现：为了使领外弧线加长，直上尺寸也得变大。因此，直上尺寸的取值依据与领面宽、领座高有关，尤其是和领面宽与领座高的差量相关。至于这中间的规律和经验需要用实践去体会和积累。

直上尺寸法和剪切法的本质，是领底弧线向下弯曲，以达到领外弧线长度增加的目的，从而使翻领通过翻折线向外翻出。

（3）前领窝制图法，如图 5-1-14 所示。

第一步，根据款式确定上下驳折点。上驳折点一般可依据从侧颈点水平移出 2/3 的领座宽来确定，下驳折点审视效果图确定，画出驳折线。

第二步，根据款式造型在前衣身上画出前领片造型图。（这是领型设计或依样画造型的过程）

第三步，从侧颈点作平行于驳折线的线，在此线上从侧颈点截取后领窝弧长的线段 PQ，从 Q 点作过 P 点的纵向垂线的垂线取值为 x。因为翻领的领底线必须向下弯曲，才能增加领面容量，所以领底线向肩线方向倒伏一个 x+a 的量，a 的量与翻领的领座领面宽相关，并随着领面与领座差量的增加而增加。其中，a 的取值可参考第六章翻驳领的倒伏量设计。

第四步：在倒伏后的后领底线上取 PR 为后领窝 Φ2 的长度，过 R 点作 PR 的垂线，并取领座为 n，领面为 m，画顺衣领外轮廓线。

第五步：衣领与衣身的缝合线设计。由于衣领与衣身在前中部分呈互补的平面结构，所以两者的缝合线可随意设置。

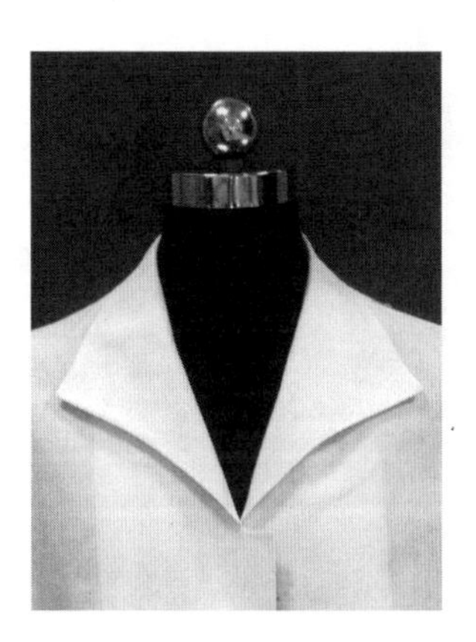

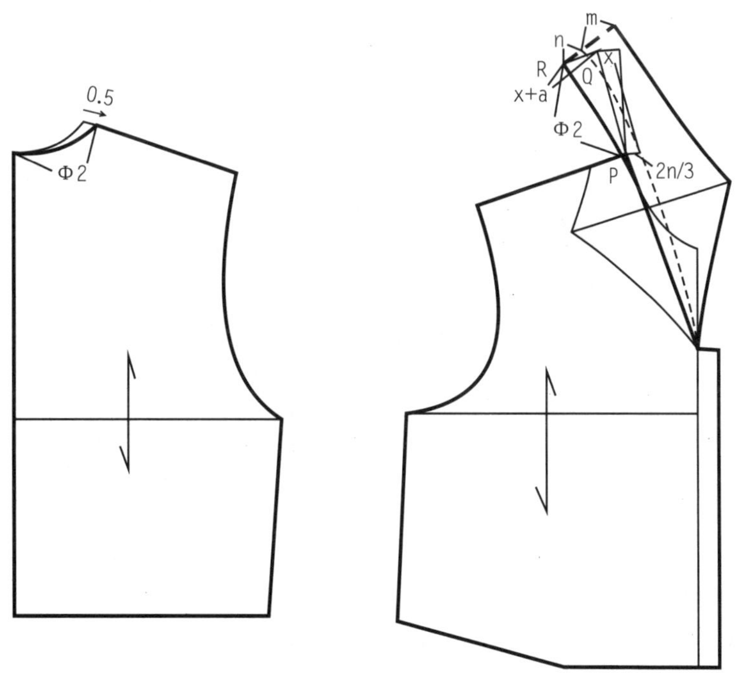

图5-1-14　前领窝制图法图示

（4）肩外端重叠法

当翻领的领座较低时，可以采用肩外端重叠法来制图。借用前后衣片领口，对准前后侧颈点，将前后肩部重叠一定量，由此产生的领口曲线为翻领领底线，如图 5-1-15 和图 5-1-16 所示。可以看到随着肩外端重叠量增加，翻领的后领座逐渐增加。

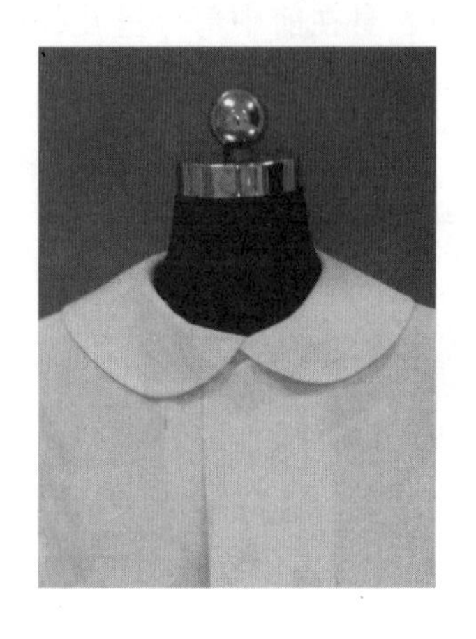

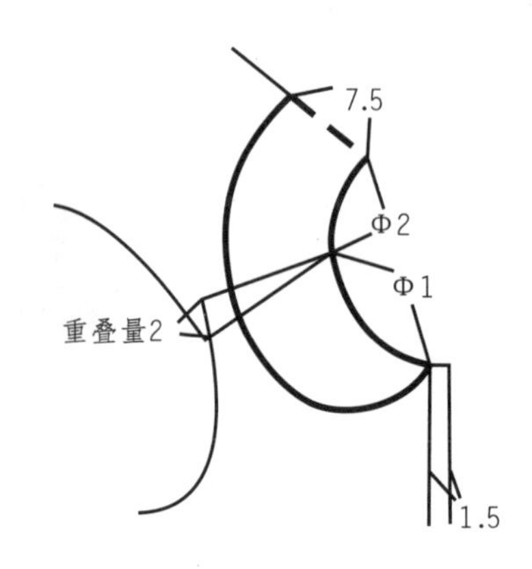

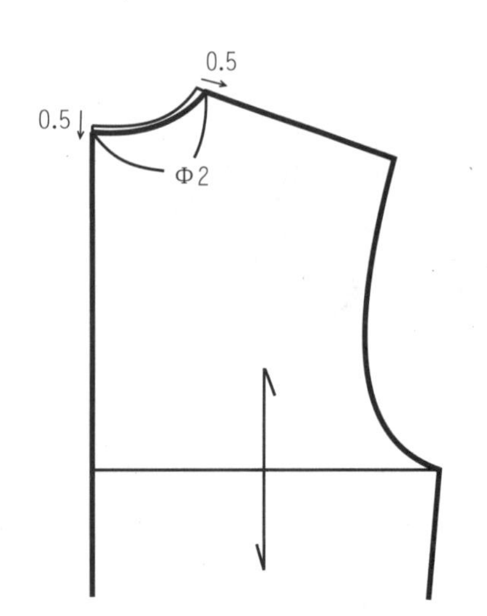

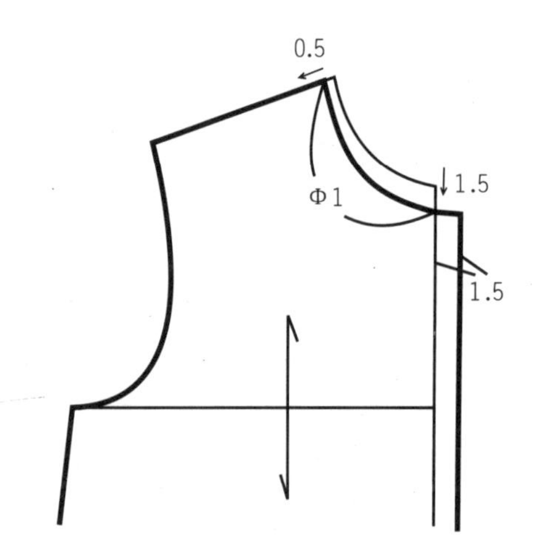

当肩外端重叠2cm左右时，翻领近似没有领座。

图5-1-15 肩外端重叠2cm翻领图示

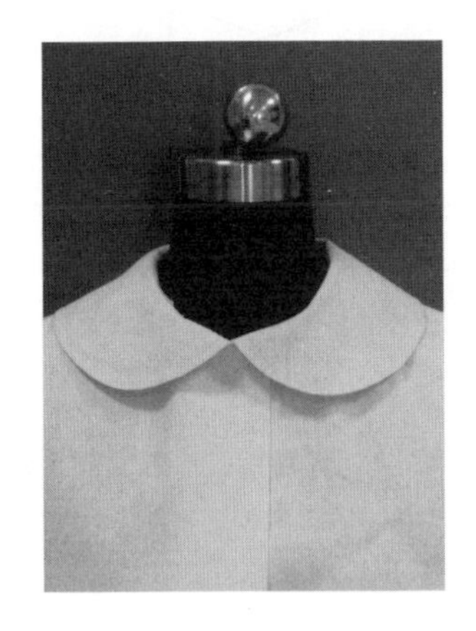

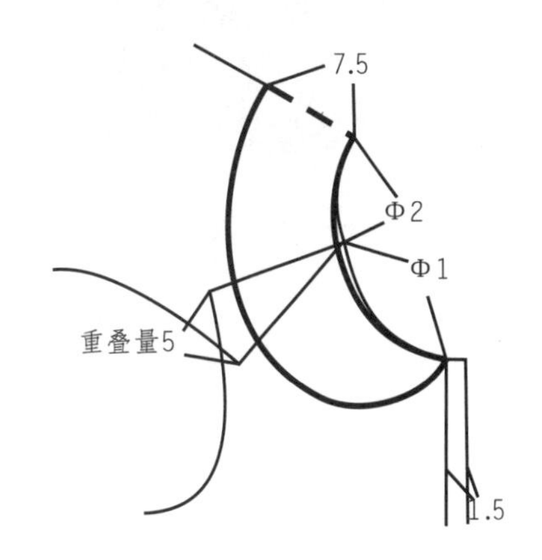

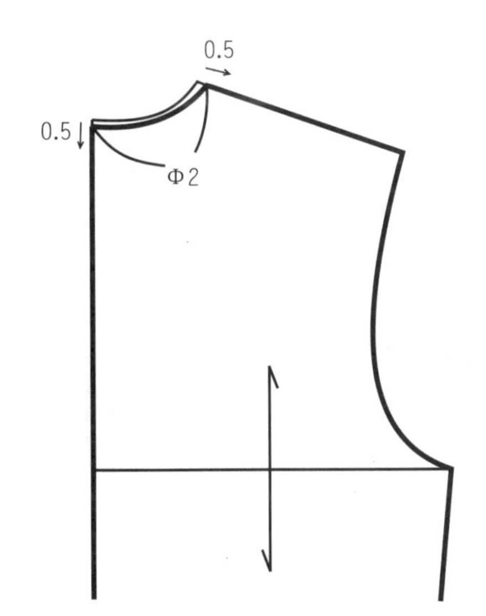

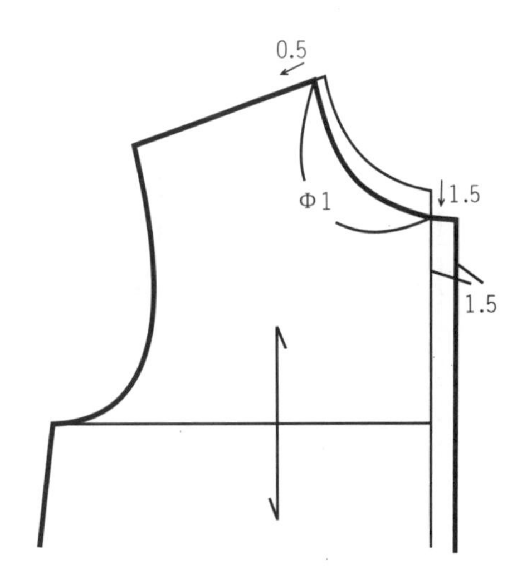

当肩外端重叠5cm左右时，翻领有大约1cm的后领座。

图5-1-16 肩外端重叠5cm翻领图示

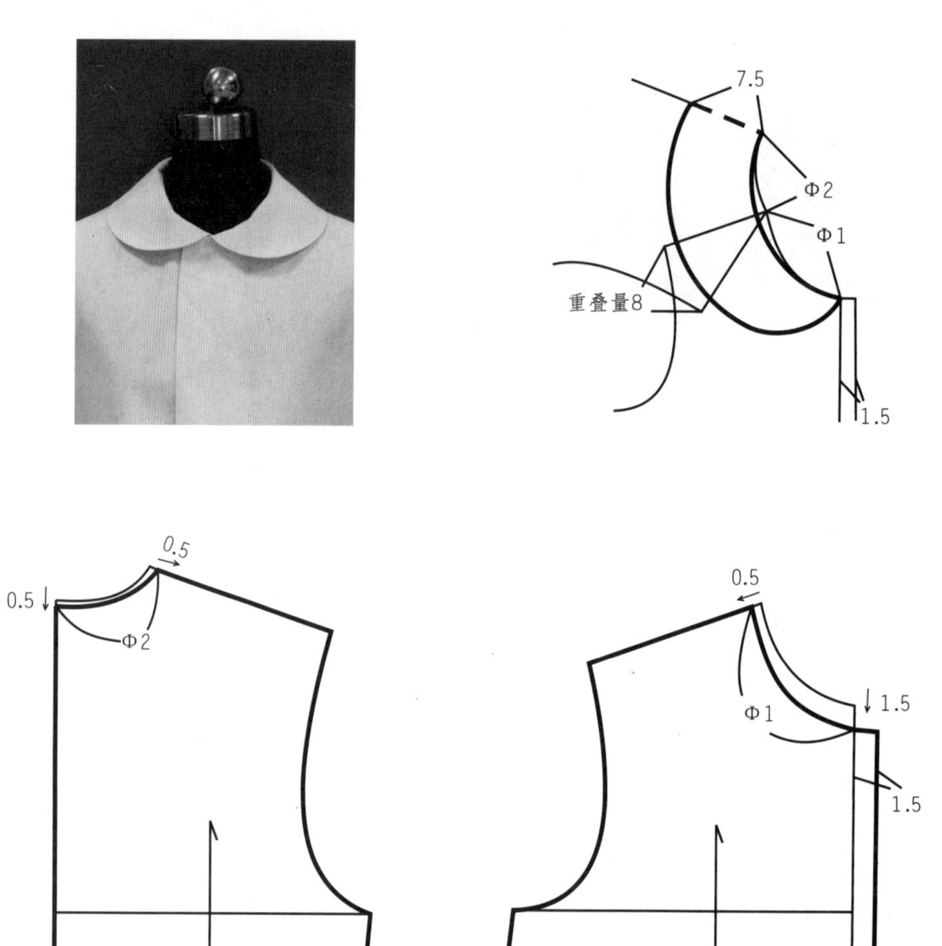

当肩外端重叠8cm左右时，翻领有约2cm的后领座。

图5-1-17 肩外端重叠8cm翻领图示

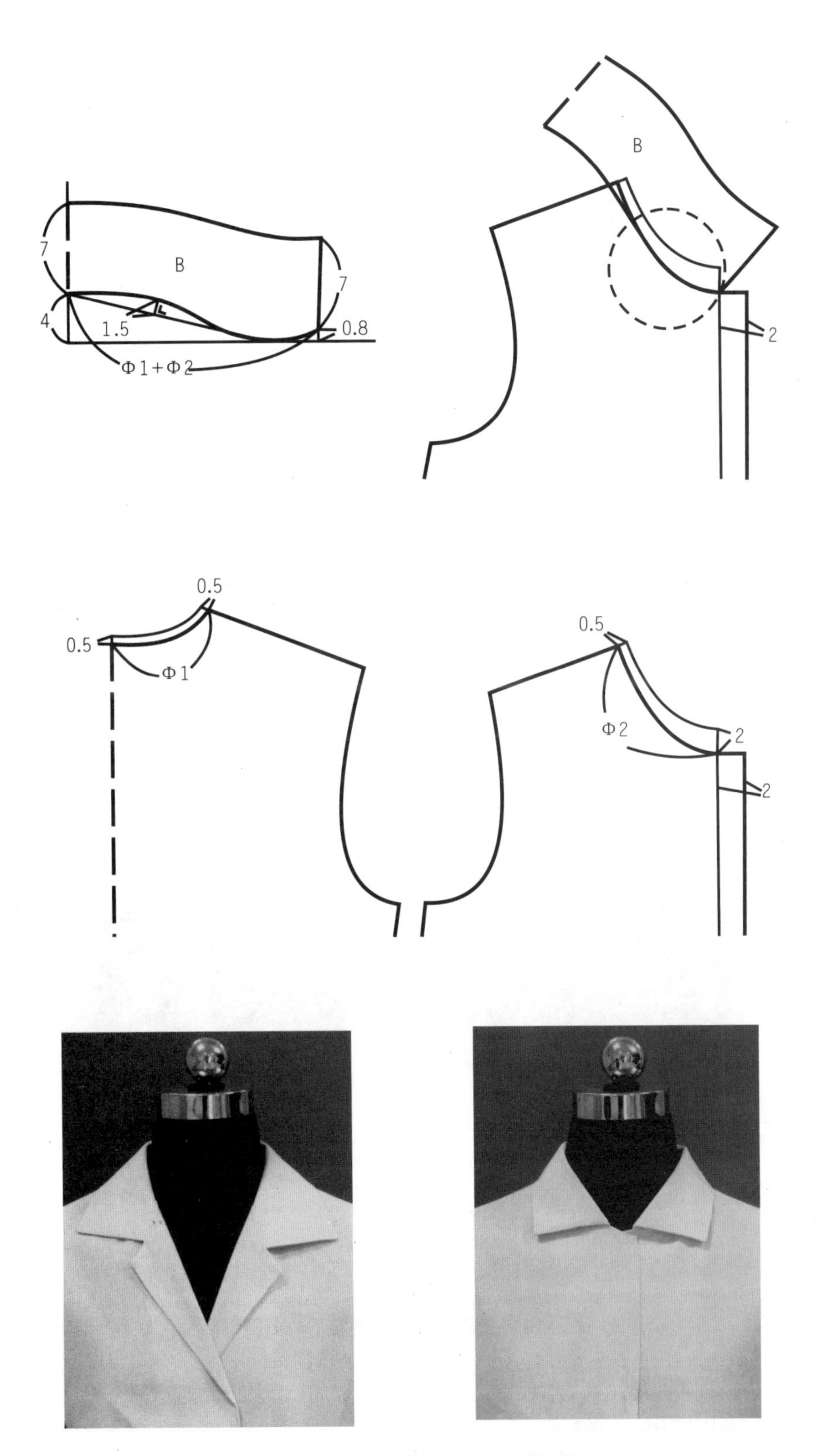

图5-1-18 领底线后下曲前起翘图示

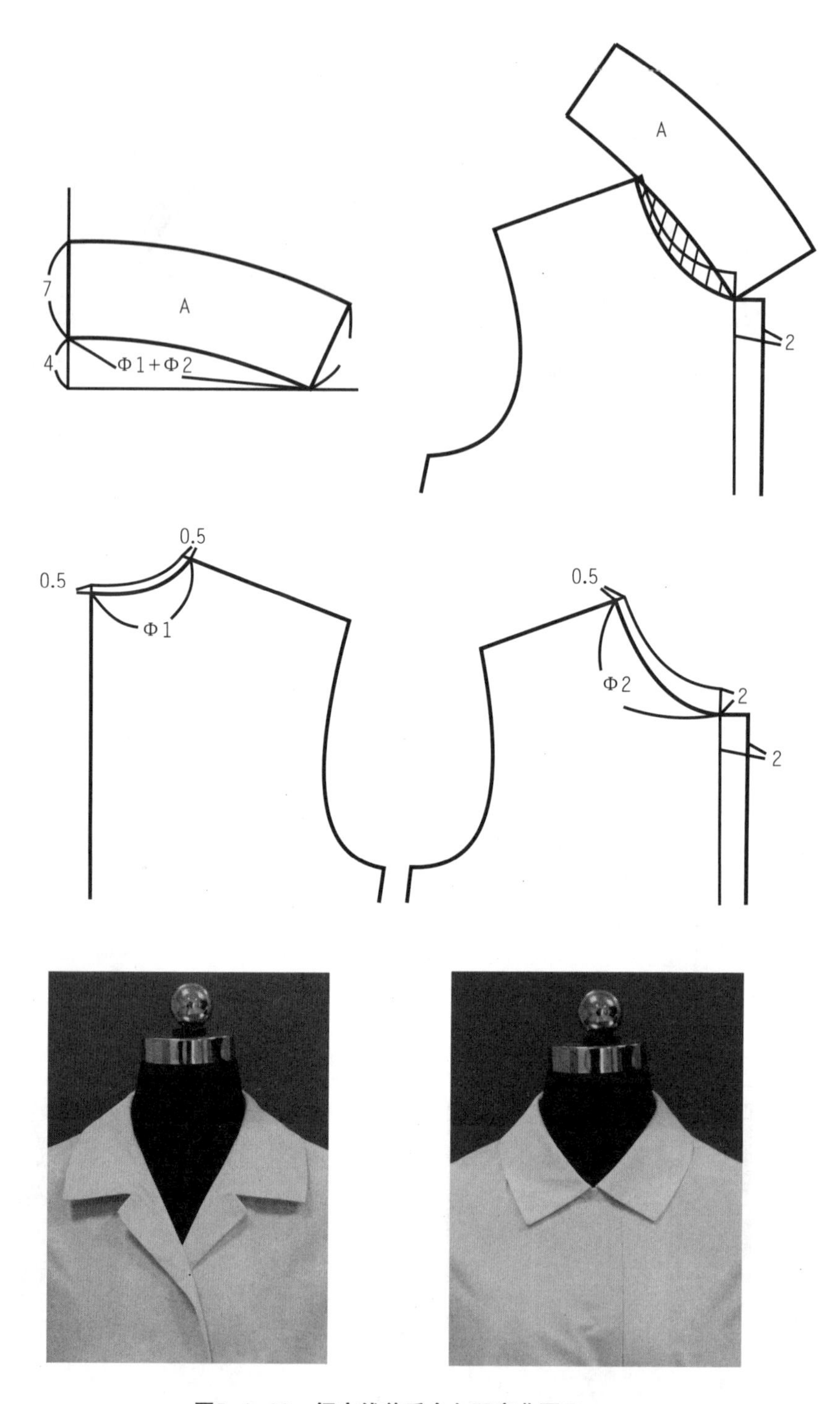

图5-1-19 领底线前后全向下弯曲图示

几种翻领制图法的比较：

通过上面的分析可知，剪切法所显示的结果与直上尺寸法相同，都呈现领底线下曲原理，如图 5–1–19 所示；而前领窝制图法所呈现的领底线却为后领窝下曲前领窝起翘的形状，如图 5–1–18 所示。那么领底线前后都是下曲与领底线、后领窝下曲、前领窝起翘的结构制图制成的成衣领子会有什么区别呢？下面我们可以通过实验制作来检验。如图 5–1–18 所示，由领底线后领窝下曲前领窝起翘制成的翻领，不管前领窝是关闭还是敞开，领子的翻折线或驳折线始终趋向直线状态，那是因为 B 领与前领窝处互补成平面结构，故其翻折后趋向直线。

图 5–1–19 的 A 领子与前领窝互补时缺少了图中打斜线部分的面积，缝合后成曲面状态。当前领窝关闭时，翻折线呈弧线形态，当前领窝打开时，其驳折线也呈曲线状态，不但不平服，还会使领子和驳头翘起恢复成闭合状态的趋势。

简言之，如图 5–1–20 所示，在翻领制图中，因 a 领底线与前领口缝合成曲面，a 领底线作出的衣领如图左侧翻折线呈弧线形；因 b 领底线与前领口缝合后互补成平面，b 领底线作出的衣领如图右侧翻折线呈直线形。

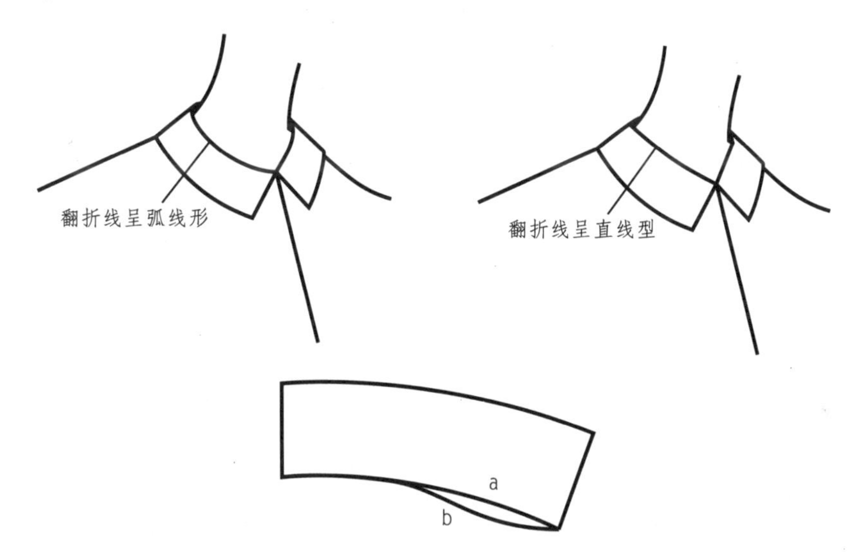

图5–1–20　领底线形态与翻折线形态对应图

另外，如果用肩外端重叠法来制作翻领，因为其翻领在前领口的领底线曲度接近前领口曲度，其制图方法如果统一到直上尺寸的方法，即在后领中心构建一个直角坐标的话，可见其直上尺寸的量是很大的，所以其制成的翻领的翻折线曲度相对也会大些，而且其领座不可能很高。

四种结构制图方法虽然不同，但其结构原理却共同遵循立领原理，不同的翻领造型，可以根据需要选择不同的结构制图方法。

思考题：

1. 翻领制图方法有哪些？不同方法制作的翻领各有什么特点？

2. 翻领各种不同制图方法的共同原理是什么？不同的翻领造型如何选择不同制图方法？

3. 翻领领座高低取决于什么？

4. 翻领翻折线曲直的结构原理？

第二节　翻领结构原理应用案例

平贴领结构设计的应用案例参见图 5–2–1 ~图 5–2–12，翻领结构设计应用案例参见图 5–2–13 ~图 5–2–36。

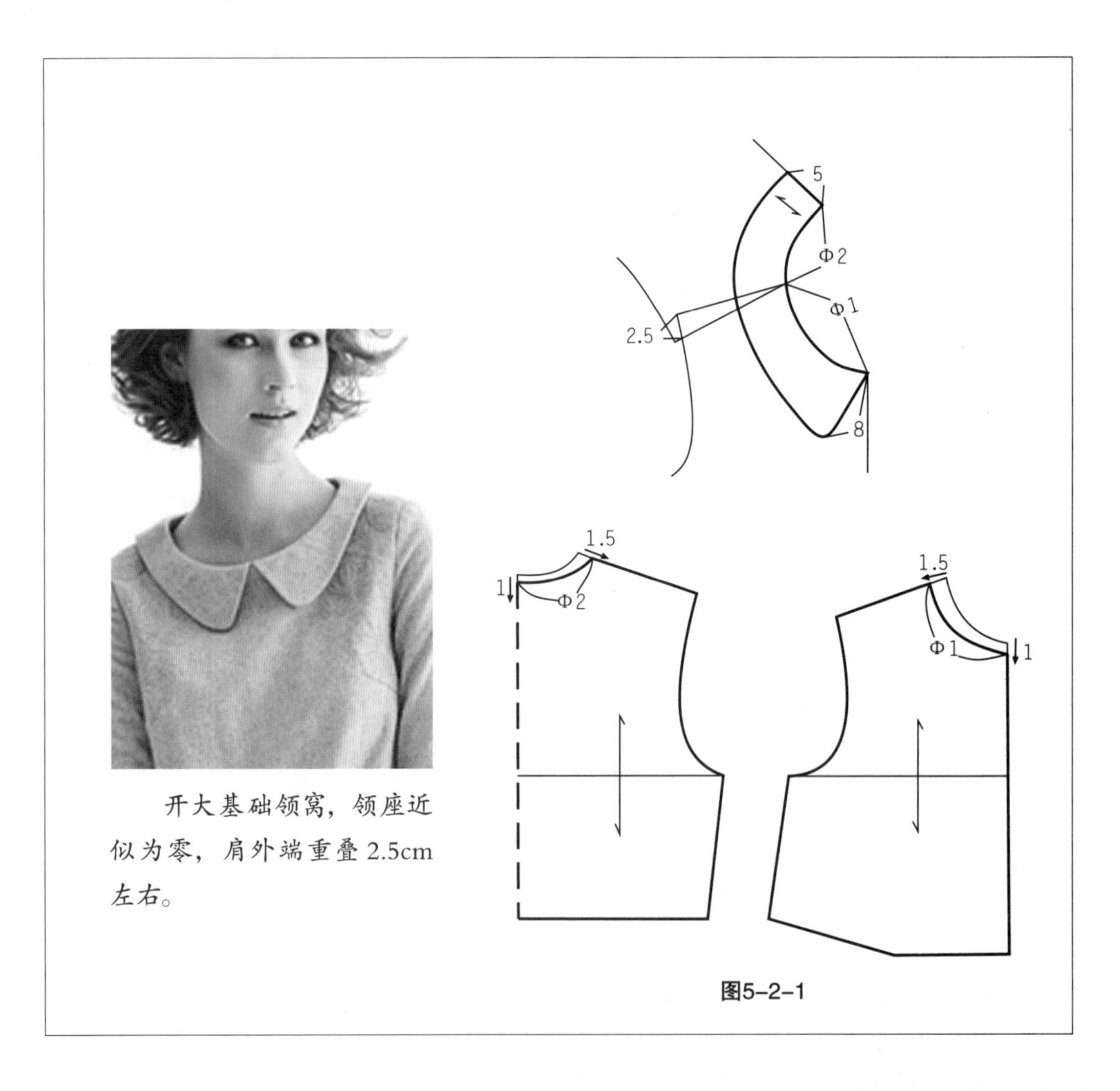

开大基础领窝，领座近似为零，肩外端重叠 2.5cm 左右。

图5–2–1

基础领窝略开大，有近似0.5~1cm左右领座，肩外端重叠3.5~4cm左右。

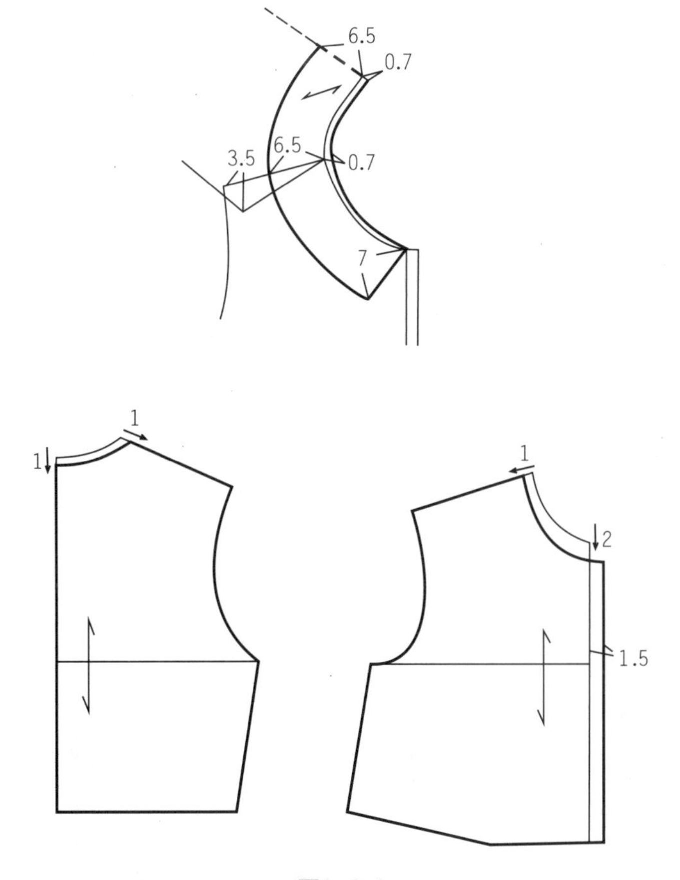

图5-2-2

基础领窝略开大，有近似 0.5~1cm 左右领座，肩外端重叠 3~4cm 左右。

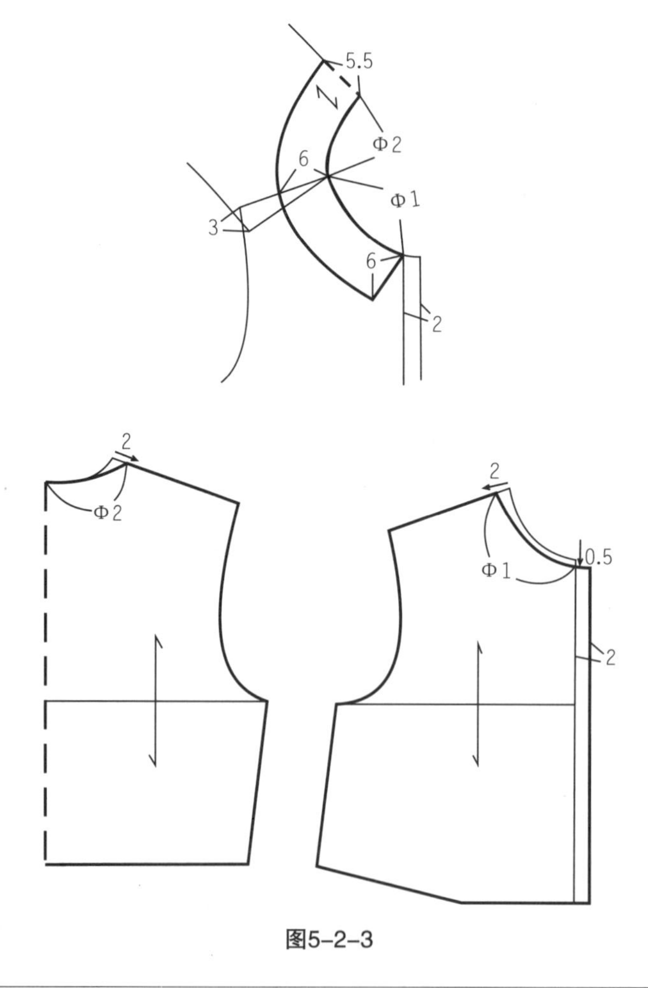

图5-2-3

基础领窝略开大，有近似 0.5~1cm 左右领座，肩外端重叠 3.5~4cm 左右。

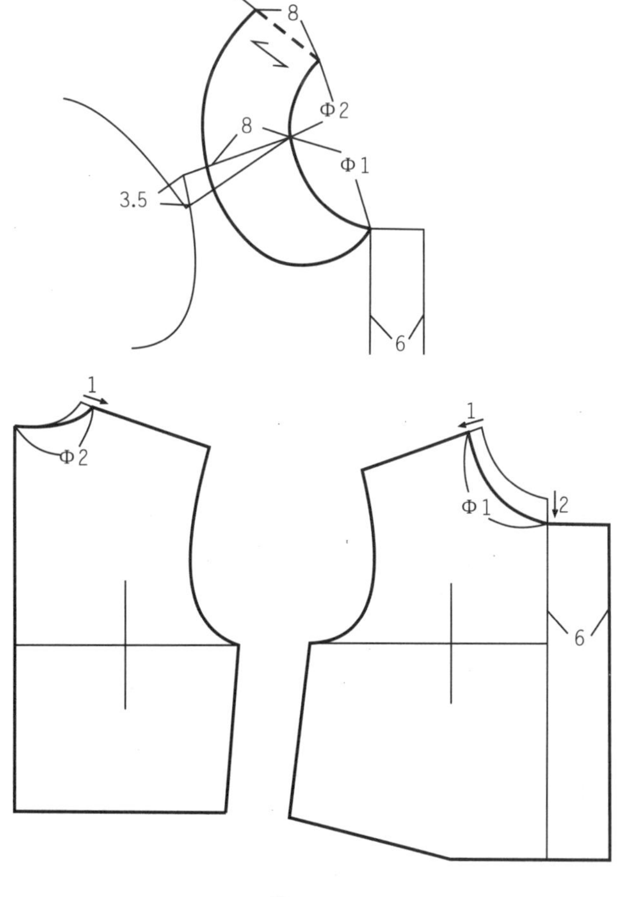

图5-2-4

基础领窝略开大，有近似 0.5cm 左右领座，肩外端重叠 3cm 左右，按造型画出平贴领后再切展。

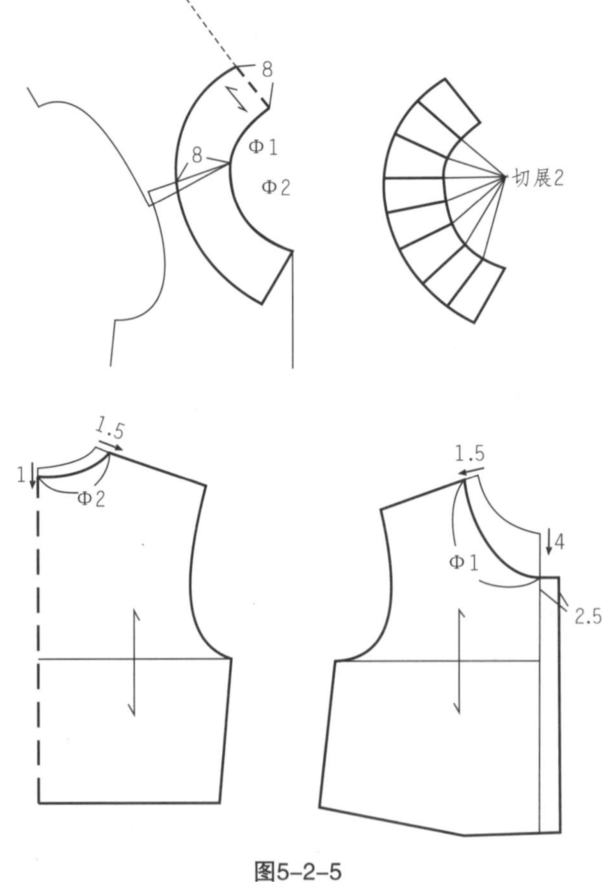

图5-2-5

基础领窝略开大，有近似 0.5~1cm 左右领座，肩外端重叠 3~4cm 左右。

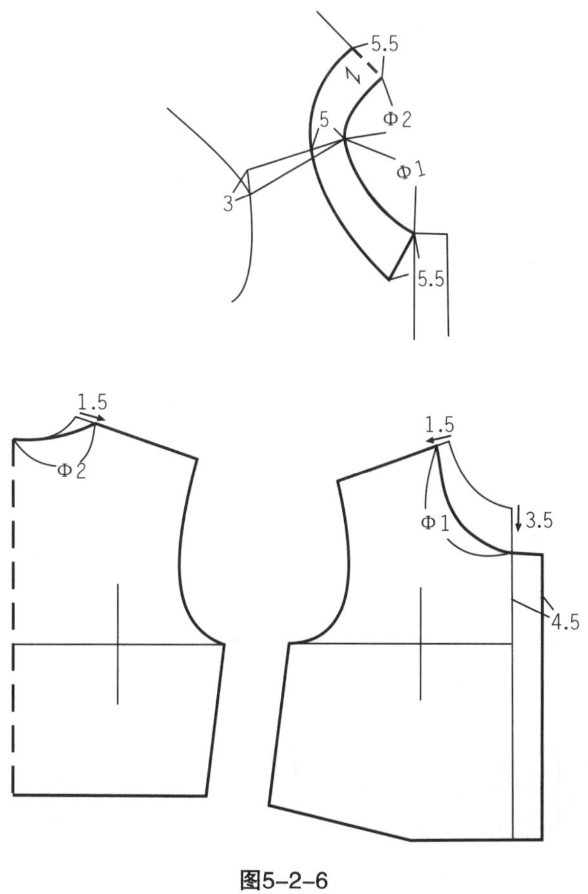

图5–2–6

开大基础领窝，领座近似为零，前后领中心断缝，肩外端重叠 1.5 ~ 2.5cm 左右。

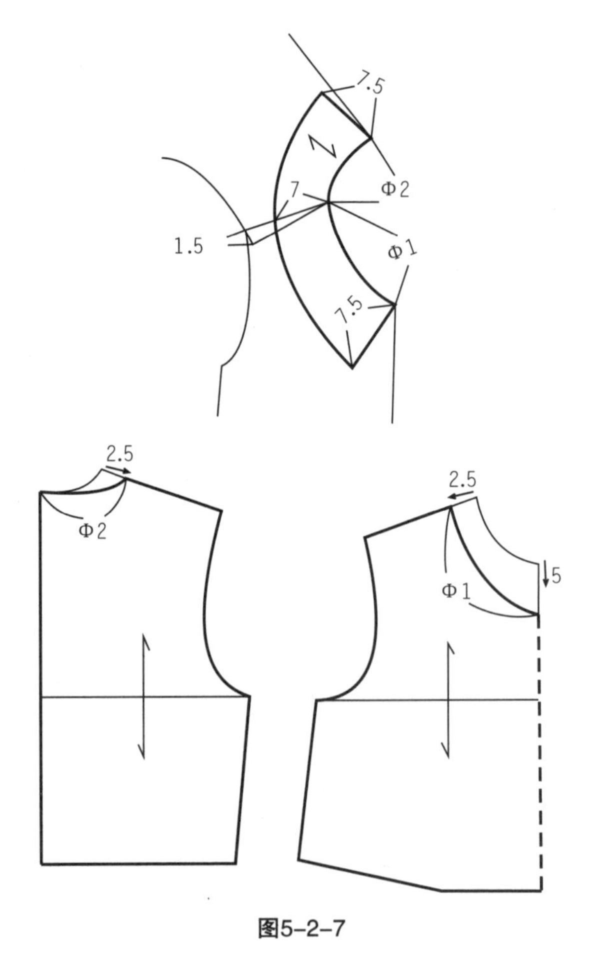

图5-2-7

前直开领开落至胸围线以下 9cm，领座近似为 0.5cm，领面较宽，肩外端重叠略少，约为 2~3cm 左右，领型接近海军领。

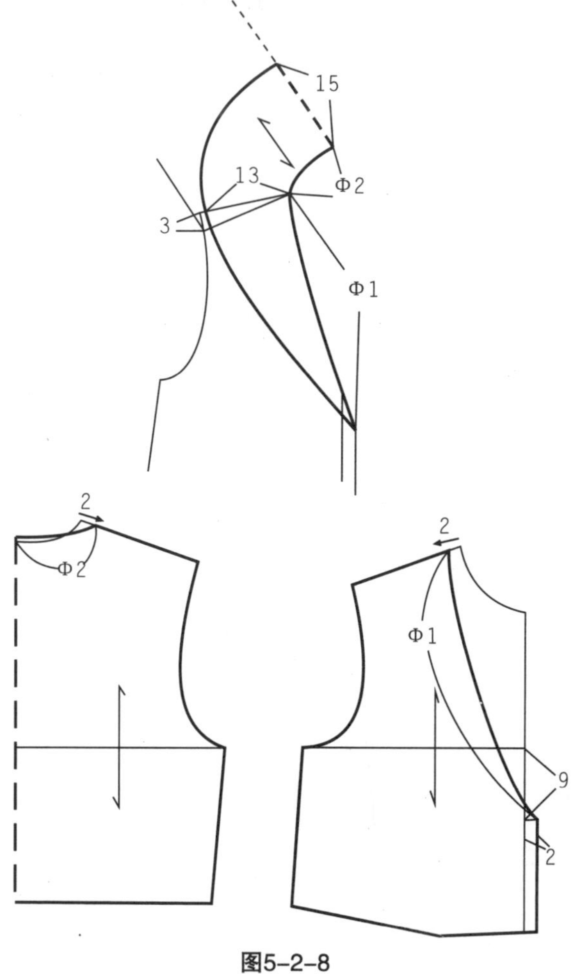

图5-2-8

前直开领开落至胸围线以上2cm，领座近似为零，领面较宽，肩外端重叠量略少，约为1.5~2.5cm左右。

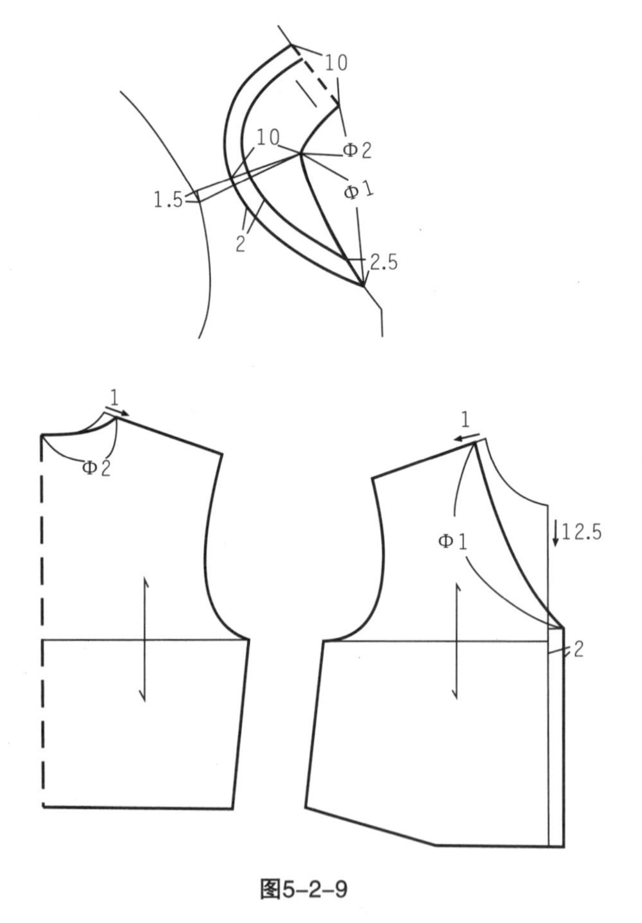

图5-2-9

侧颈、前中领窝开宽开深都较大，领座低 0.5~1cm 左右，肩外端重叠略小约 3~4cm 左右。

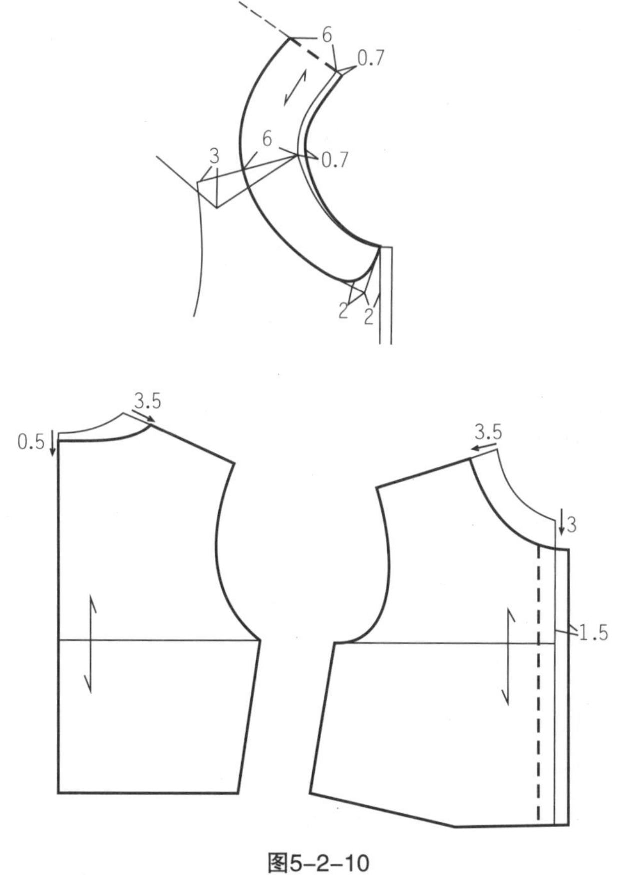

图5-2-10

领窝略开大，领座较低 0.5~1cm 左右，肩外端重叠量宜小，约 3~4cm 左右，前中、后中领断缝画顺造型。

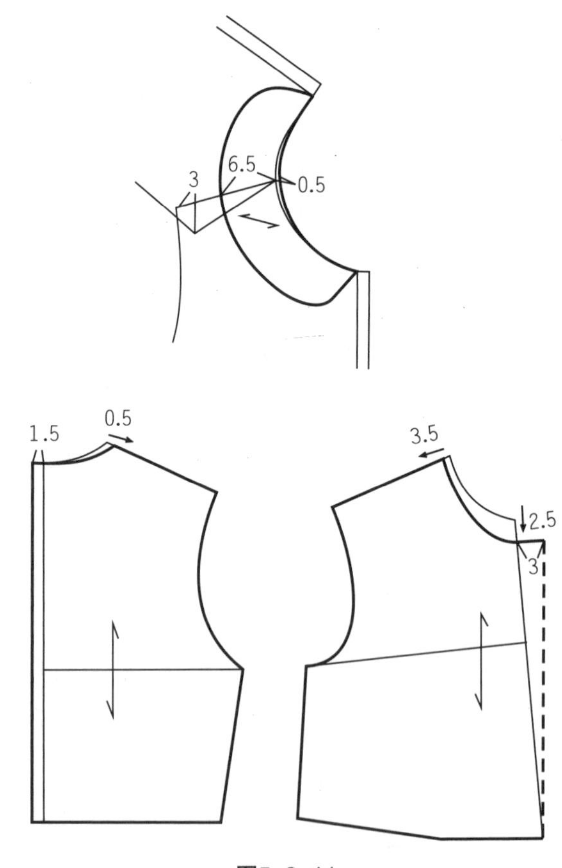

图5-2-11

前中开落至胸围线以下3cm，领座较低，领面较宽，肩外端重叠略少约3cm左右，圆顺领口线和领外沿。

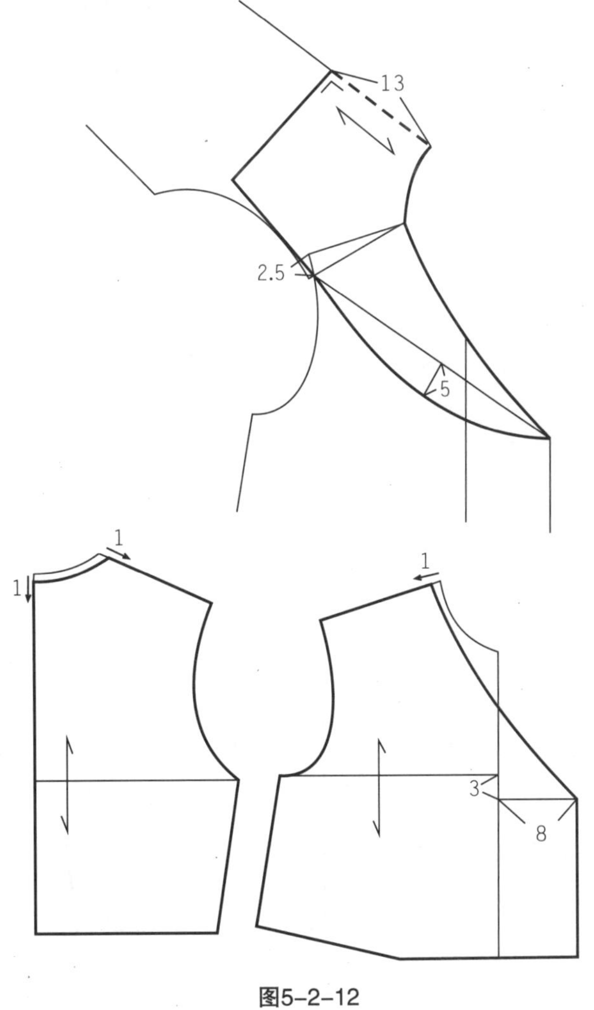

图5-2-12

前领呈翻领，后领呈立领，衣领前端须与衣片领窝成互补。

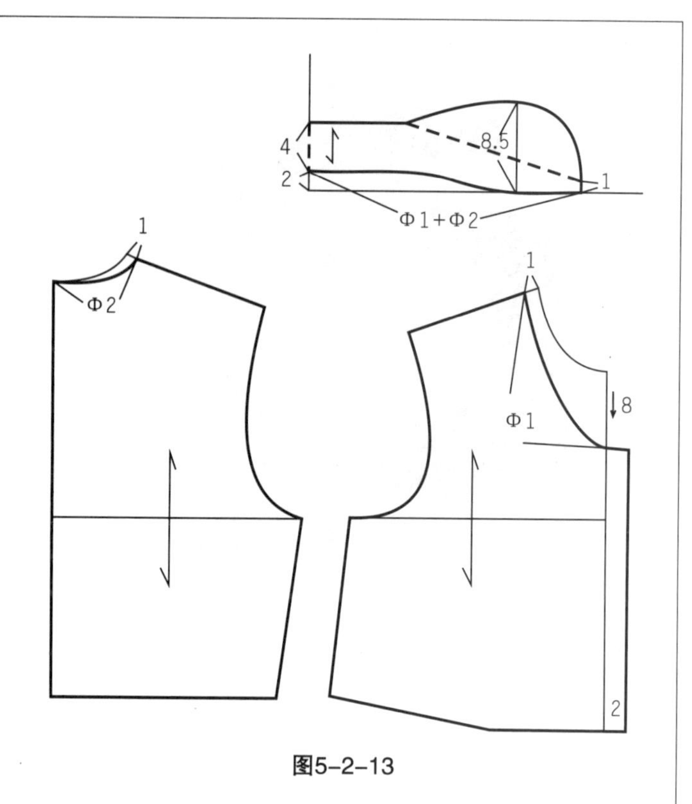

图5-2-13

领窝开大，翻折呈曲线形态，领底线下曲，领座较低，直上尺寸较大，10cm 左右。

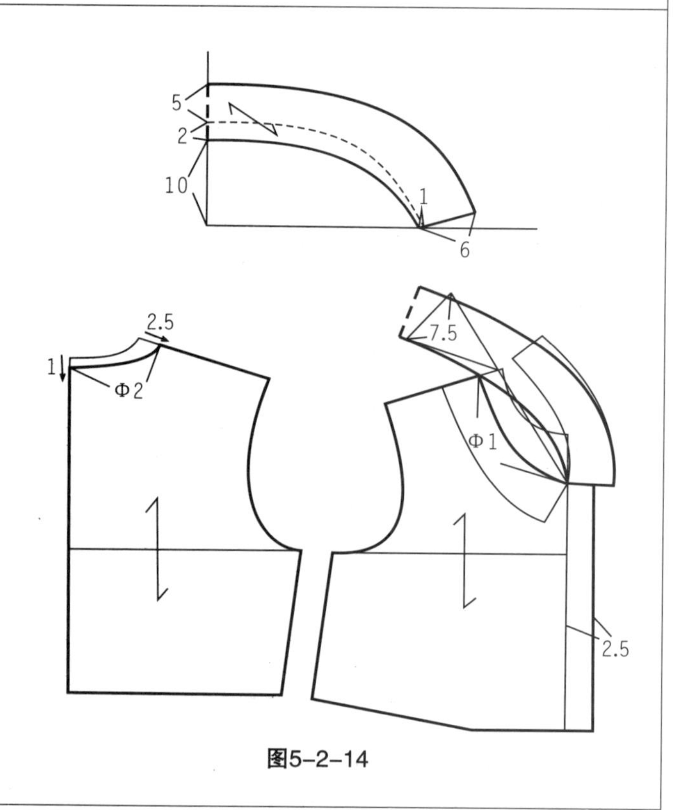

图5-2-14

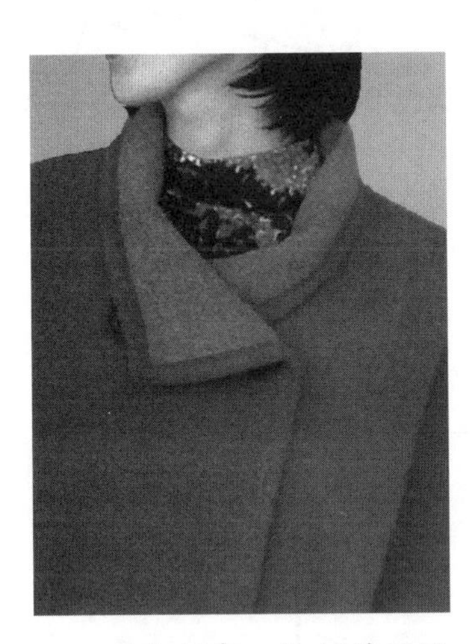

开大领窝，翻领前端的翻折线接近直线，领底线与前端领口弧线须互补，翻领底线后下曲前起翘。

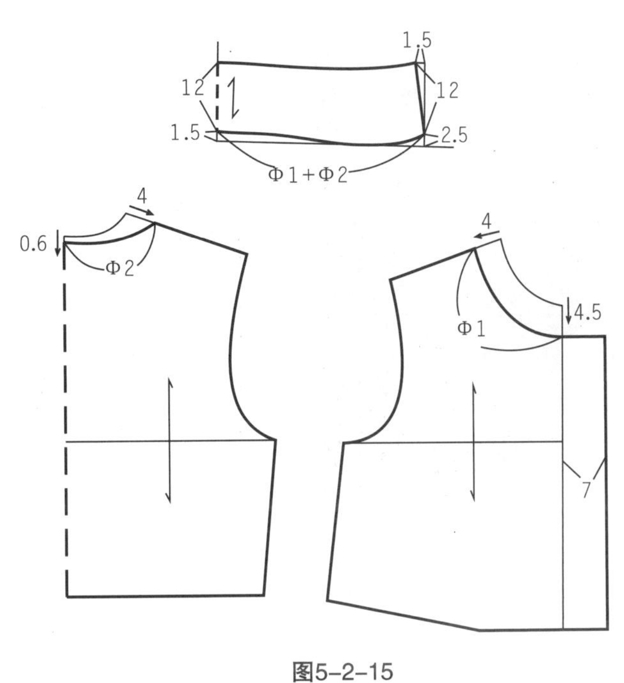

图5-2-15

宽搭门，连身翻领，直接在前衣片上制领，侧颈开大2cm,后领底线倒伏4.5cm左右。

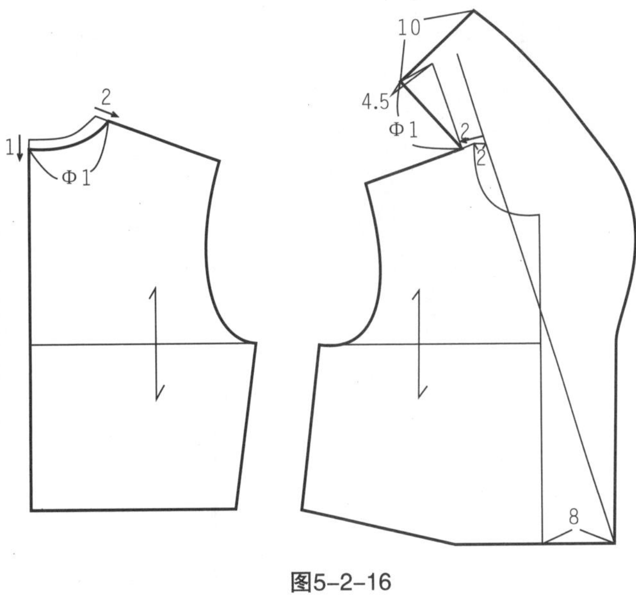

图5-2-16

开大基础领窝，翻领领面的领底线切展打褶量。

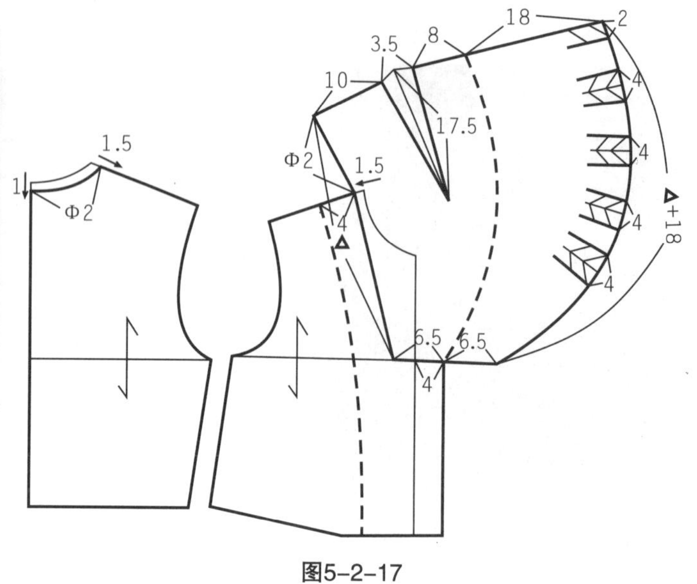

图5-2-17

按效果图开落前直开领，后领中心和前领口做褶裥处理。

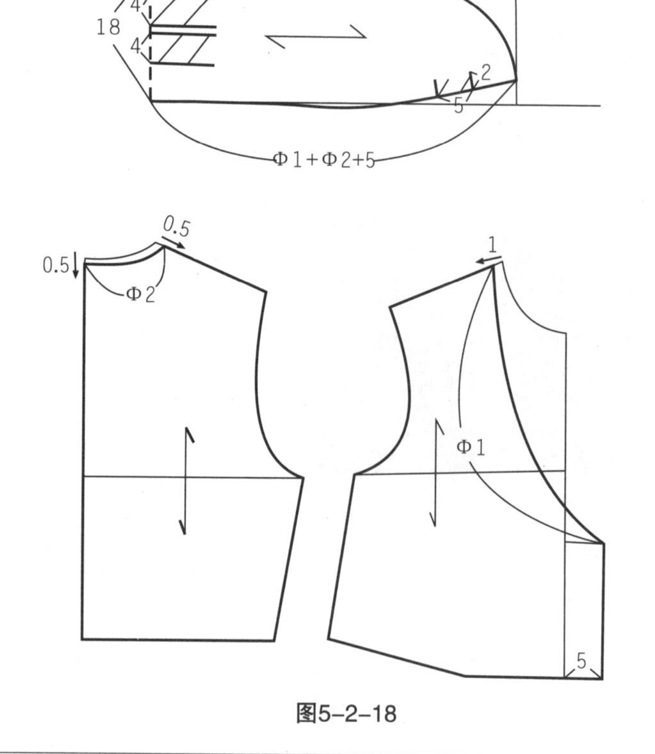

图5-2-18

双排钮，搭门量为7cm，领座较低，直上尺寸6~7cm左右。

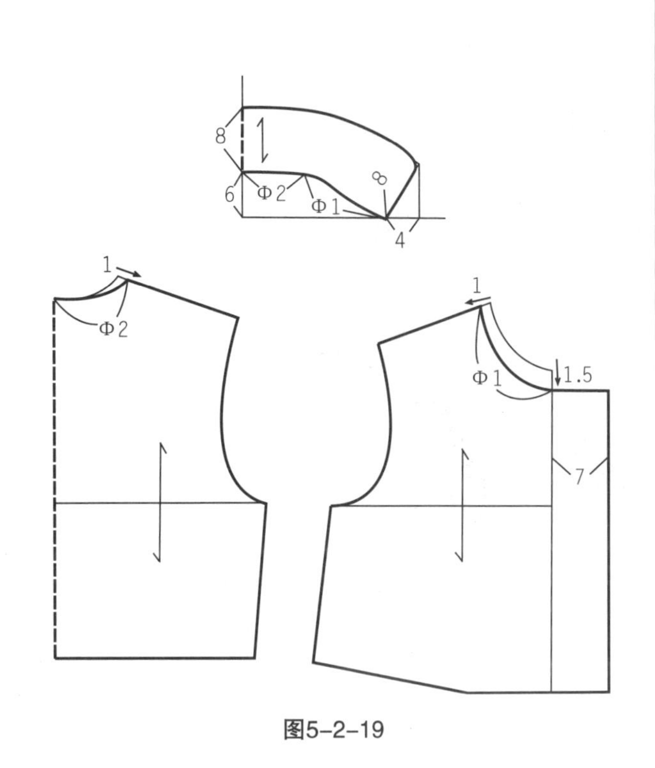

图5-2-19

后领座较高，近似翻立领，前领翻折线趋向直线，前领领底线应与衣领领口互补。

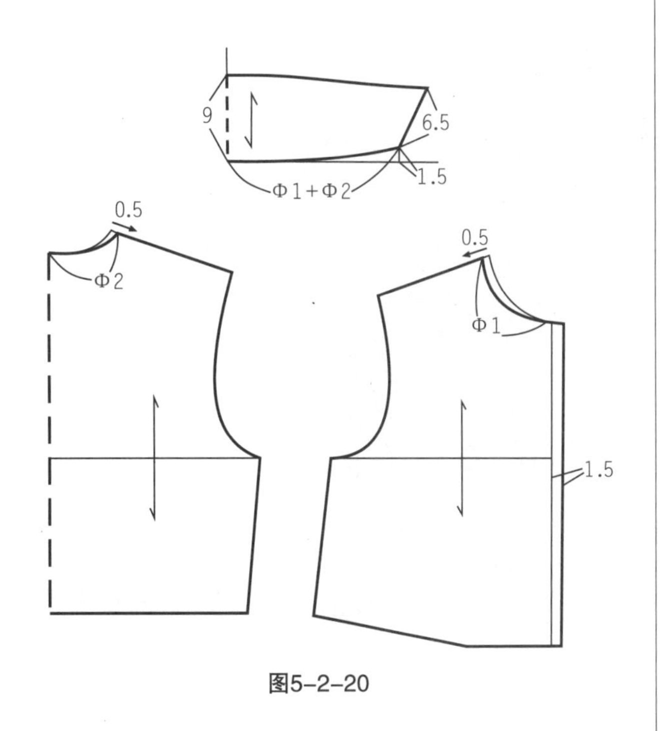

图5-2-20

前领开落较多，约7~8cm左右，领座较低，直上尺寸不宜太小，取6~7cm左右。

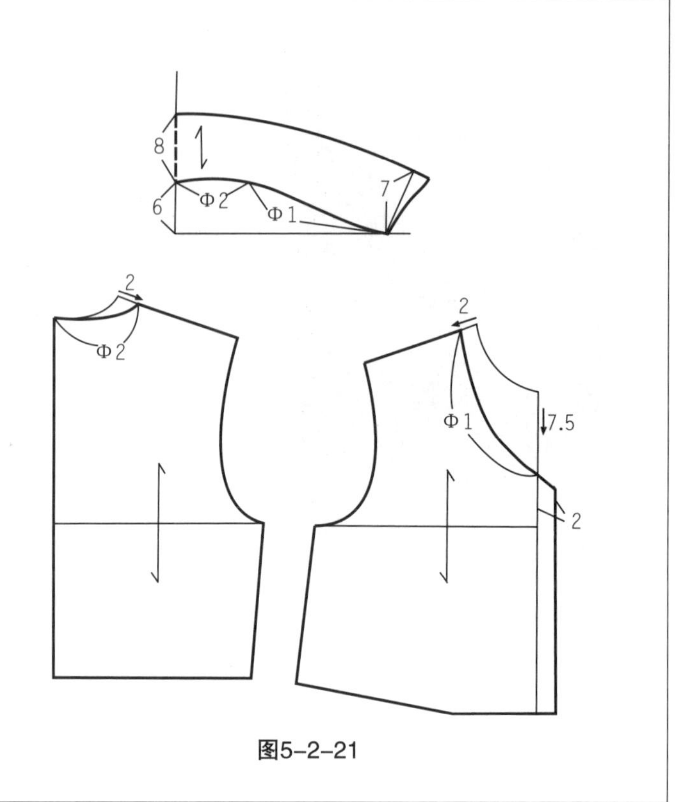

图5-2-21

基础领窝略开大，后领座高度适中，直上尺寸取5~6cm左右，前领中有豁口。

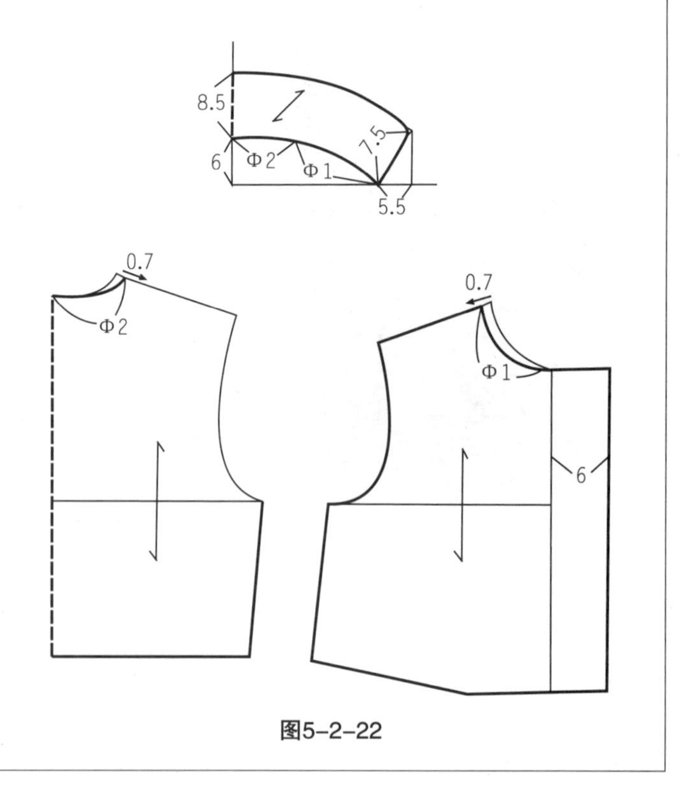

图5-2-22

翻折线呈曲线形态，领底线与前领口线都为凹曲线，缝合后呈曲面，在前衣身上画出衣领造型，领底线倒伏x+3cm。

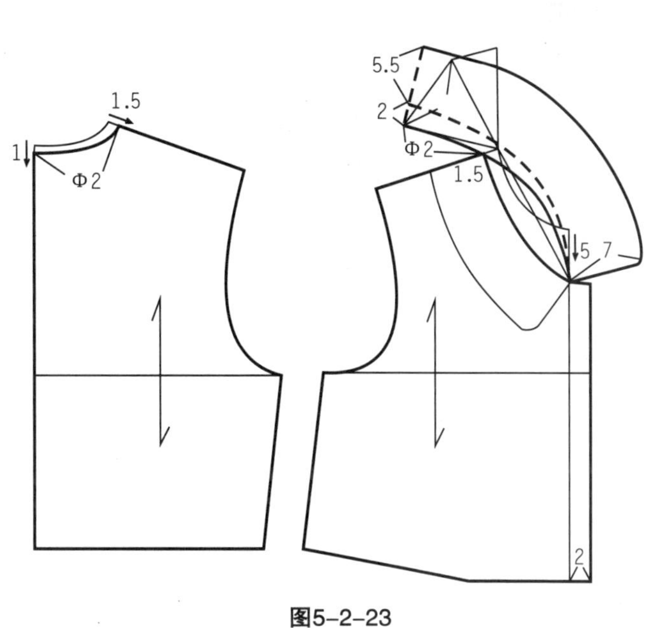

图5-2-23

常规翻领，领面较宽，9~10cm左右，领座较低，直上尺寸宜大8~9cm。

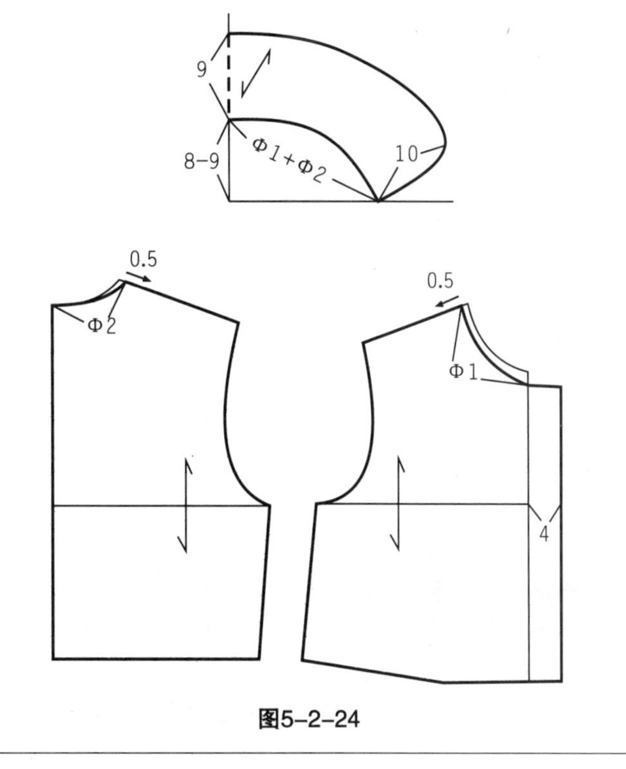

图5-2-24

双排钮、宽搭门，领座造型包脖，翻领结构宜采用类似企领的分体形式。

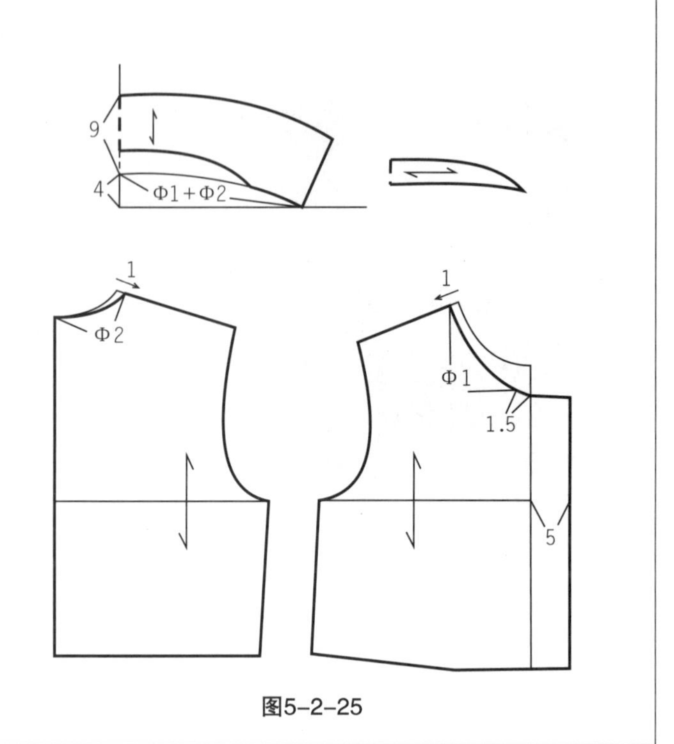

图5-2-25

双排钮、宽搭门，前中有豁口，其余类似常规翻领，直上尺寸 4~5cm。

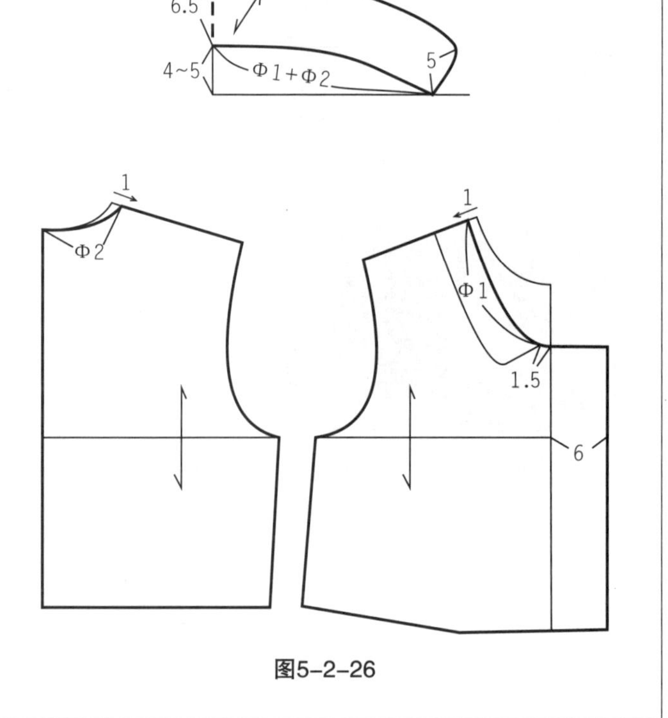

图5-2-26

常规翻领，基础领窝略开大，领座高度适中，直上尺寸 6~7cm 左右。

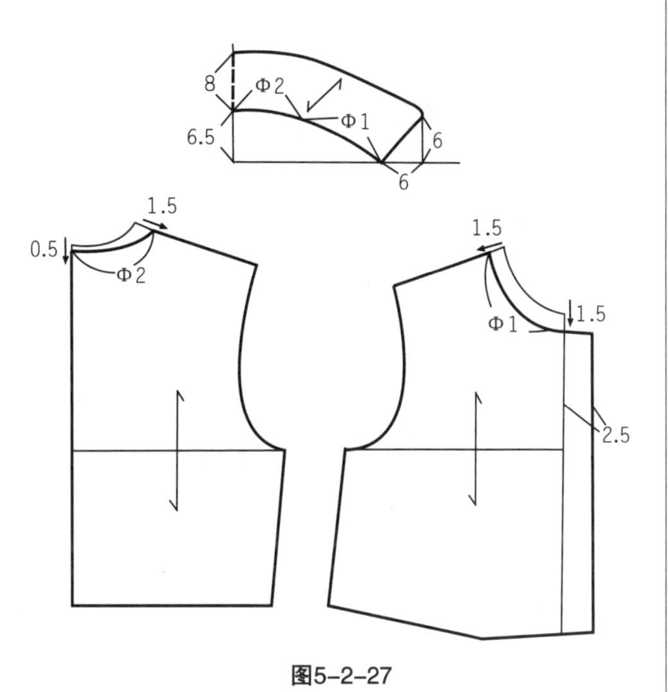

图5-2-27

采用前领窝制图法，在前衣身上画领对称映射并倒伏 3cm。

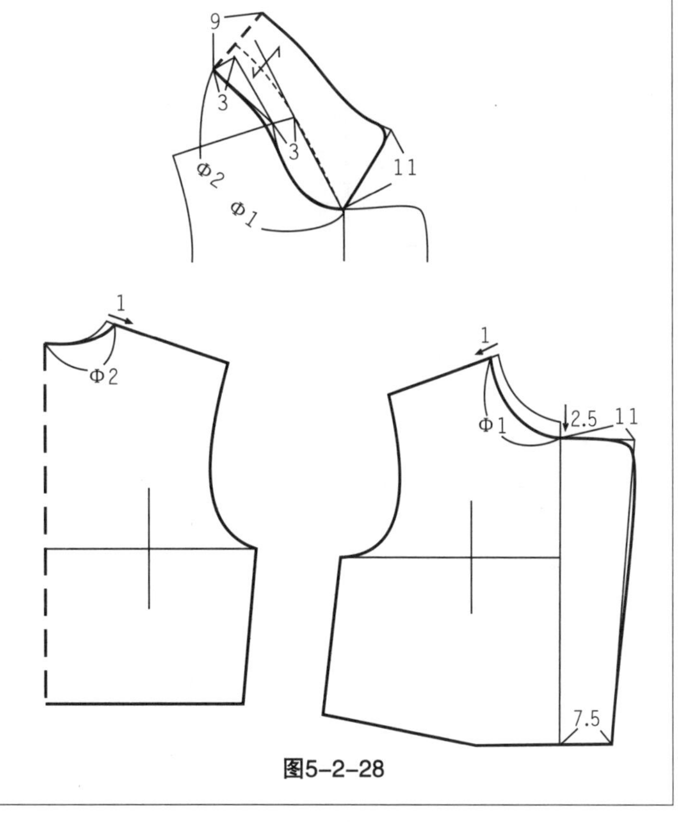

图5-2-28

常规翻领，前领口有豁口，前中心开落较大，直上尺寸4~5cm。

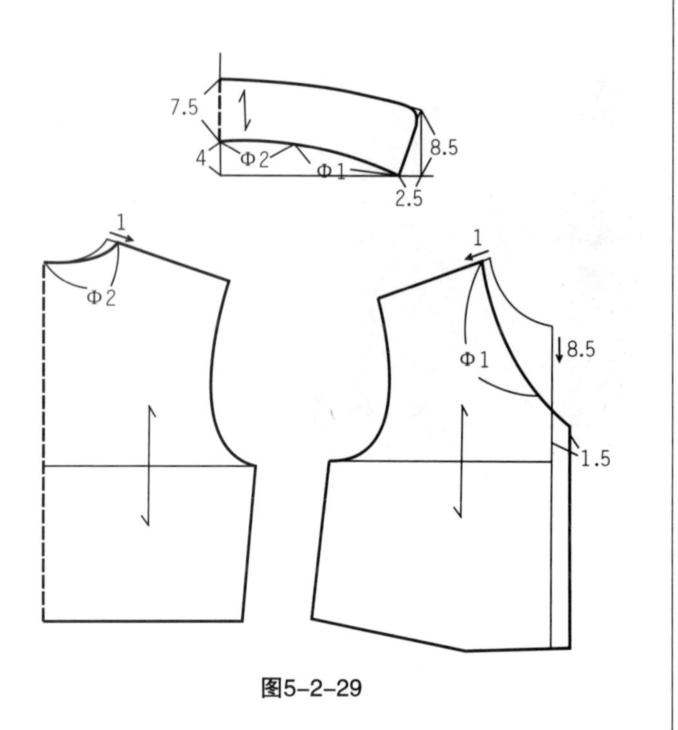

图5-2-29

常规翻领，翻折线为曲线，直上尺寸法制图，直上尺寸8~9cm左右。

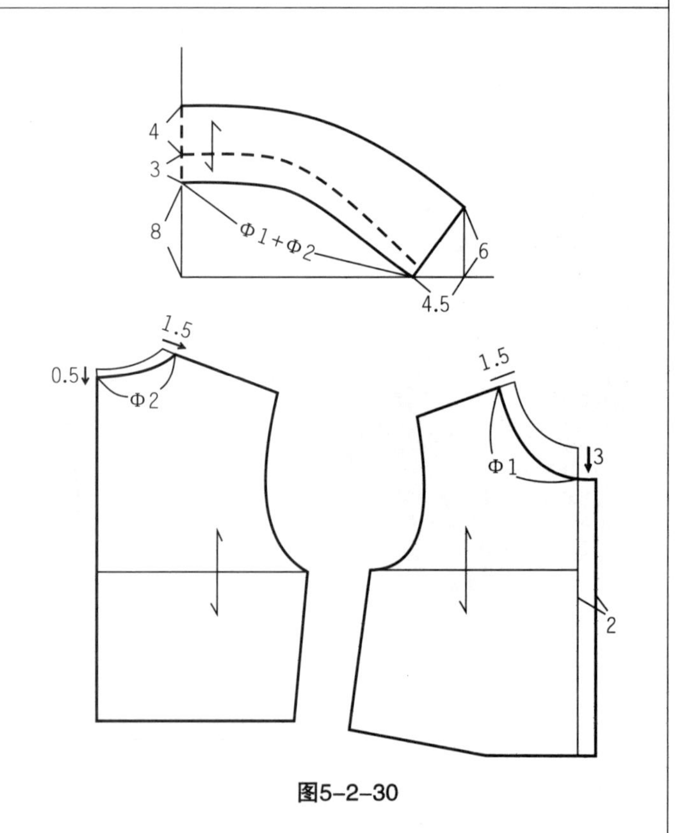

图5-2-30

衣领左右不对称，领座虽较高，但其前中领相当于不断缝，没有缺口调节外围容量，直上尺寸宜略大。

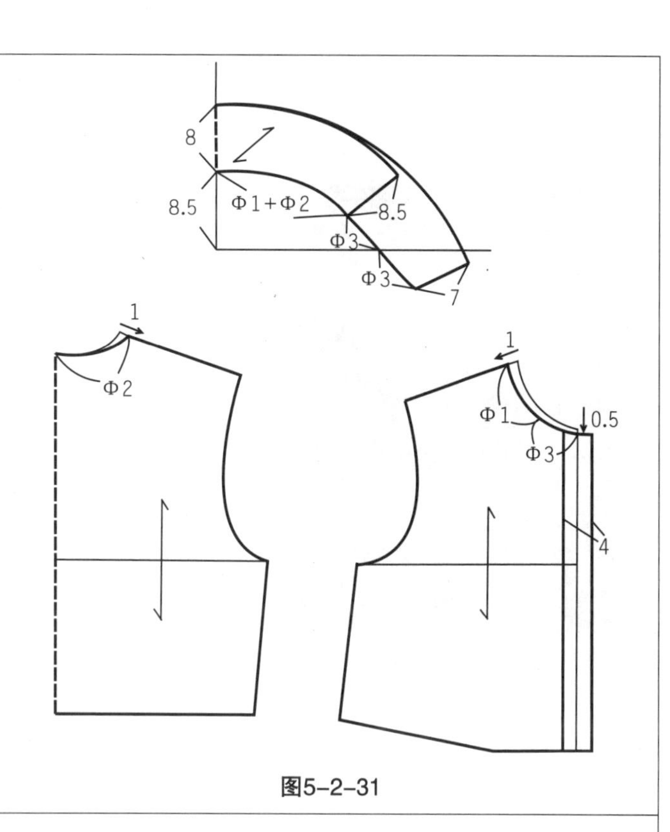

图5-2-31

领窝略开大，衣领在前中重叠，翻折线接近直线。翻领底线后下曲前起翘，领座略高，直上尺寸5cm左右。

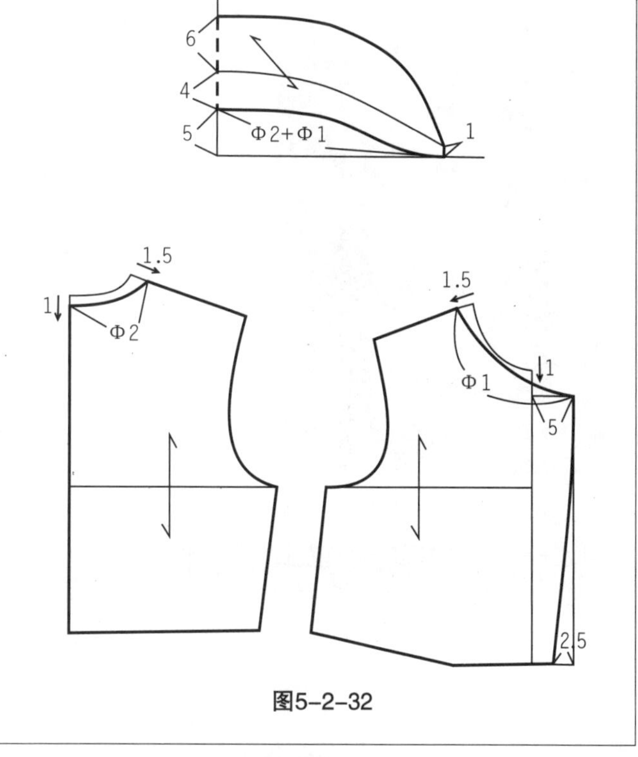

图5-2-32

领窝略开大，领座较低，直上尺寸较大 8cm 左右。

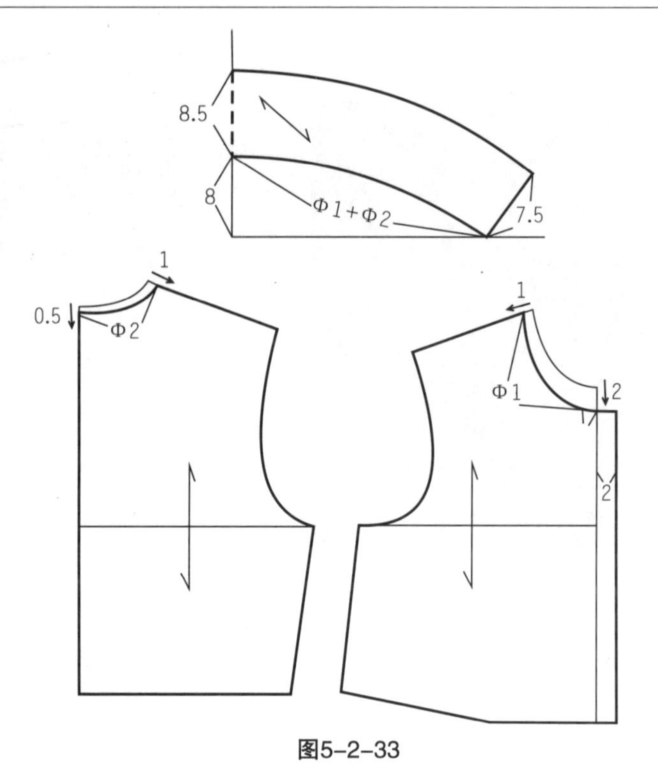

图5-2-33

双排钮前中有豁口，侧颈应开大，领座较低，直上尺寸宜大。

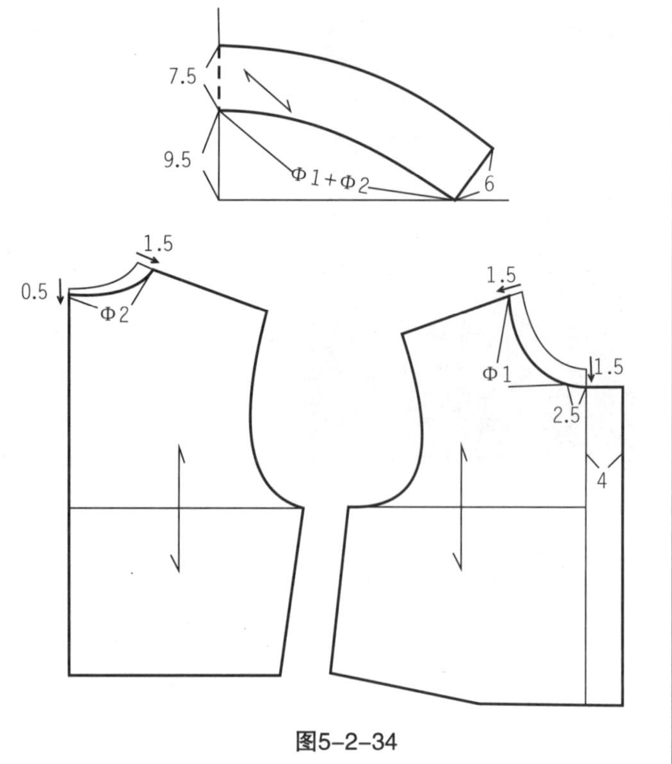

图5-2-34

双排宽搭门，接近外倾立领形式，衣领采用类似企领的分体结构。

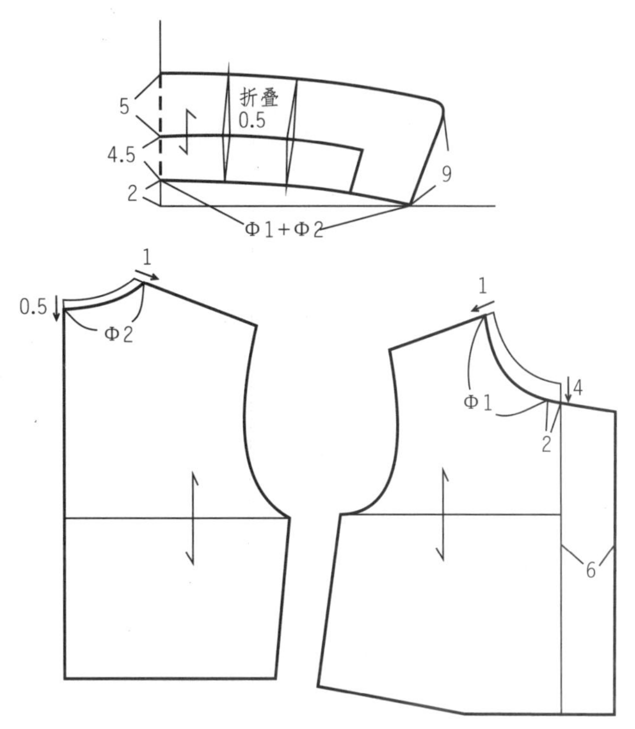

图5-2-35

双排宽搭门，前中有豁口，衣领外形似翻领，领座贴合颈部，在翻领折线以下作分体企领结构处理。

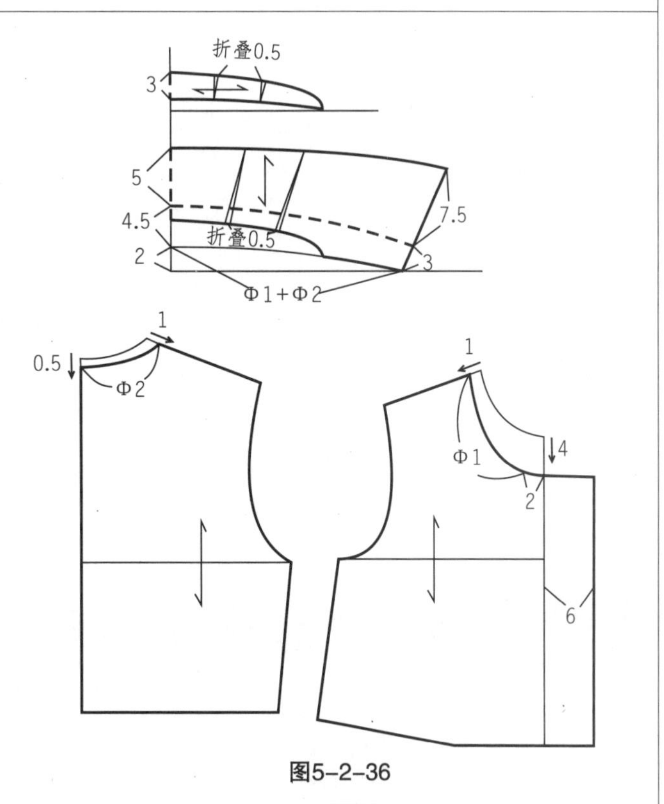

图5-2-36

第六章

驳 领

驳领是前衣身有驳头翻出的一种敞开式领型，翻领与衣片后领口缝合形成翻驳领，立领与衣片后领口缝合形成立驳领，翻领或立领连在前衣片上形成连身驳领。驳头由衣片和挂面缝合后再由挂面翻出形成的翻折线呈直线，驳头与领子连成一片再与开落较深的前领口缝合翻出形成的翻折线一般呈弧线。驳领是领型结构中最具有综合特点、应用最广泛的一种领型。

第一节　驳领结构原理

一、翻驳领

（一）翻驳领的概念

翻驳领是由翻领和驳头两部分组成的一种领型，翻领与衣片后领口缝合，驳领由衣片和挂面缝合后再由挂面翻出而形成，它的造型特点是，前胸平服于人体胸部，与胸部较好地贴合，而翻领则带有领座，由领座和领面组合而成，形成前高后低的倾斜式领型。翻驳领各部位的名称如图 6-1-1 所示。

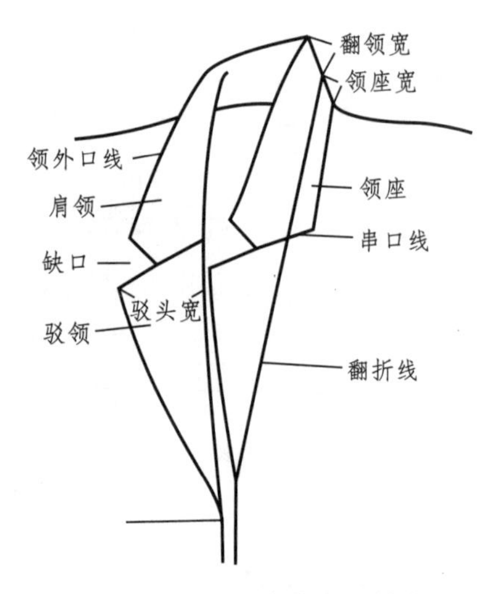

图6-1-1　翻驳领各部位的名称

（二）翻驳领的结构原理

翻驳领的结构原理实为翻领结构，即领底线下曲度越大，领面与领座面积差越大，领面容量越多，翻驳领的翻领部分和这种结构规律完全相同。

翻驳领领面与肩胸要求服贴，翻领领面和领座的容量差必须很小，因此领底线不可能上翘，领底线上翘不可能使领面翻贴在领座上，服贴更无从谈起，所以必须将领底线向下弯曲，使得领子能够翻折下来，翻驳领这种特有的结构叫倒伏。它是根据翻驳领特殊的制图方法而加以理解的，为了达到翻领与驳领在结构中组合的准确合理，要借用前片纸样设计翻驳领，这时翻领领底线竖起，当需要增加领面容量时，将领底线向肩线方向倒伏，若取倒伏量等于零，这样制成的衣领是很难翻下的，会使后衣片装领线暴露出来，很不雅观，所以在结构设计中加上一定的倒伏量的设计是必需的。

（三）翻驳领的制图过程

1. 画驳折线

如图 6-1-2 所示，在画驳折线之前，先确定门襟止口的宽度，根据纽扣直径的大小、款式是双排或单排确定搭门量。确定门襟止口线后，在前门襟止口线上平齐第一钮位确定下驳折点 A。上驳折点在领窝侧颈点向前中心方向水平延伸出 2/3n（n 为后领座高）确定为上驳折点 B。将两点相连顺延画出驳折线。

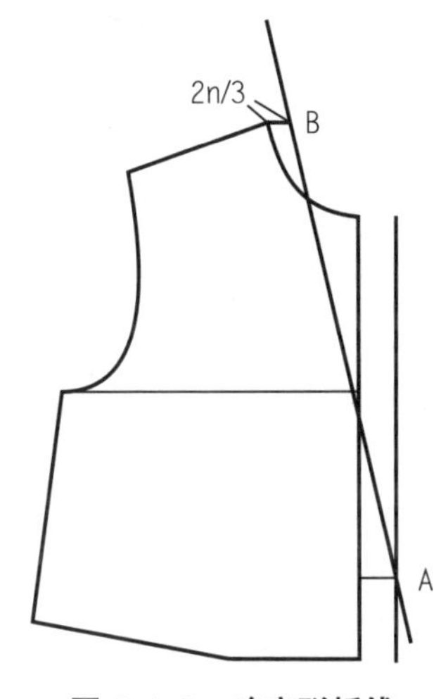

图 6-1-2　确定驳折线

2. 设计领型，绘制前领和驳头

如图 6-1-3 所示，在驳折线以内的前衣片上画出所设计的驳头造型和前领片造型（这是领型选择的一个过程），然后以驳折线为轴，将设计好的领片和驳头对称绘制到翻折线的另一侧（找出重点的位置，对称映射即可）。

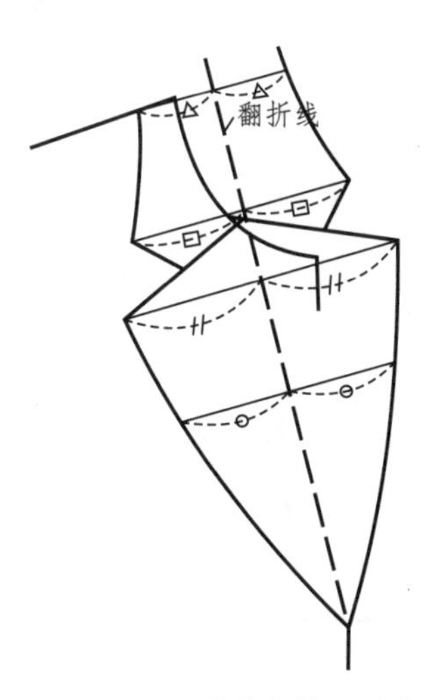

图6-1-3　设计前领片和驳头

3. 领底线的倒伏

如图 6-1-4 所示，通过侧颈点 P 作刚才 AB 驳折线的平行线为领底线的辅助线 PQ，P 到 Q 为后领口弧线长 Φ2，Q 点与通过侧颈点引出的垂直线的水平距离为 x 值，以 x 值为基数，再加上根据领面与领座差量选择一个补充领外围容量的 a 值，x+a 就是翻驳领的倒伏量。

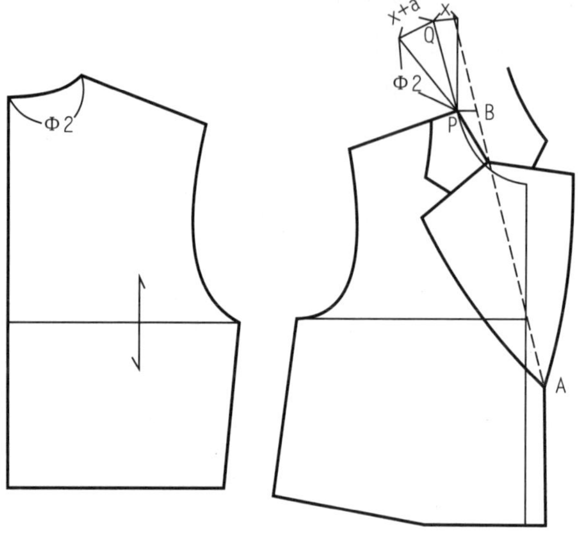

图6-1-4 领底线的倒伏

4. 圆顺连接，画出翻领

如图 6-1-5 所示，把 PQ 倒伏成 PR 后构成了新的领底线，过 R 点垂直 PR 引出后领中心线，取 n 为领座高，m 为领面宽，用引出角为直角的微曲线与前领的外口线平顺连接，最后分别把领底线到领口线、翻折线到驳口线平滑顺接，完成翻驳领结构图。

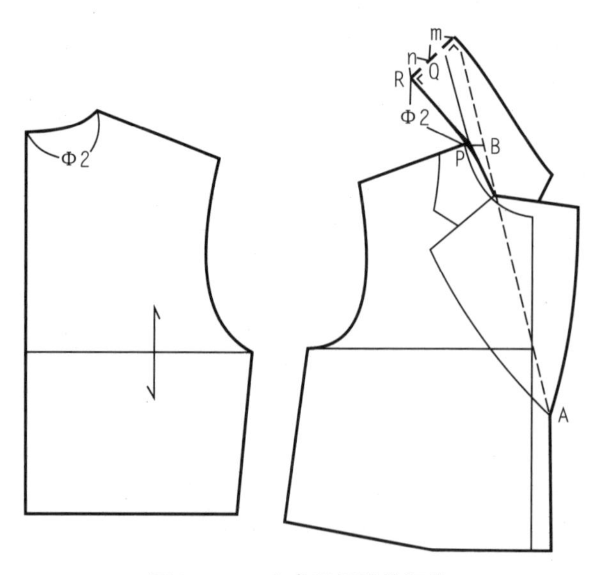

图6-1-5 完成翻领线的顺接

除此之外，在翻驳领结构设计中，为使翻驳领结构造型更加完美，也常选用类似分体企领结构，如图 6-1-6 所示。这种结构可以使翻领后部紧贴颈部，领面服贴而柔和。在纸样处理上，将领底线不倒伏的翻领、靠近翻折线 1cm 领座处断成两部分，余下的领座部分不变，并取直丝料，使其具有稳定的立领效果。把其他部分的翻领底线作倒伏处理，并取横丝料，使翻领服贴而容易翻折，领里不分割，并取斜丝料。倒伏量的取值依据和上述相同，重新修正纸样。

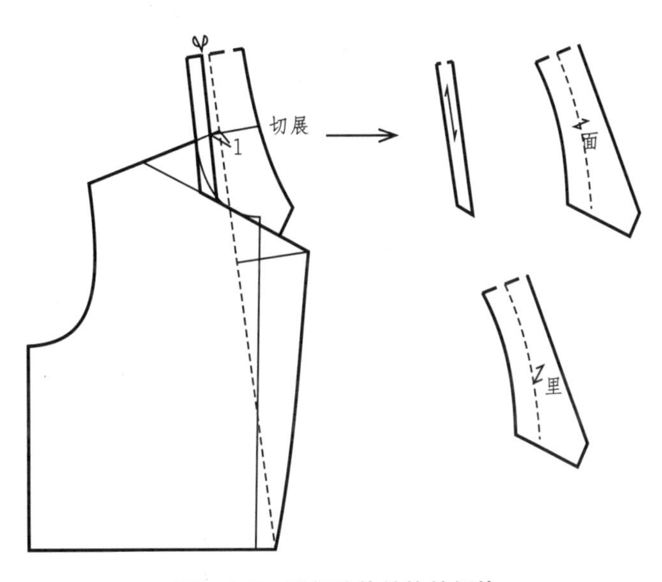

图6-1-6　驳领分体结构的倒伏

二、立驳领

（一）立驳领的概念

立驳领由立领与驳头两部分组成。立领与衣片后领口缝合，驳领由衣片和挂面缝合后再由挂面翻出而形成。成衣立驳领从后面看呈立领，前面看类似翻驳领

（二）立驳领的结构原理

立驳领可以借助前衣片纸样设计出前衣片的驳领，根据后衣片的后领口弧线长Φ2，直接在侧颈点平行于驳折线画出后立领。这时领底线竖起，相当于立领的直立结构。立驳领成衣效果也类似于立领的直立效果。立领与颈部之间有少量空隙。如果要使立驳领后衣片的立领呈现包颈的效果，必须在立领的上口略作收缩处理。这时立领的领底线上翘，类似于立领贴合颈。

立驳领的结构制图过程和翻驳领的结构制图在前半部分完全相同，只是翻驳领因为要满足领面下翻而需要倒伏领底线以增加领外围容量，而立驳领恰恰相反，因为需要满足抱脖而领底线必须起翘以缩短领外量口长度。

（三）立驳领的制图过程

1. 画驳折线

如图 6-1-7 所示，在画驳折线之前，先确定门襟止口的宽度，根据纽扣直径的大小，款式是双排或单排确定搭门量。确定门襟止口线后，在前门襟止口线上平齐第一钮位确定下驳折点 A。上驳折点在领窝侧颈点向前中心方向水平延伸出 2/3n(n 为后领座高）确定为上驳折点 B。将两点相连顺延画出驳折线。

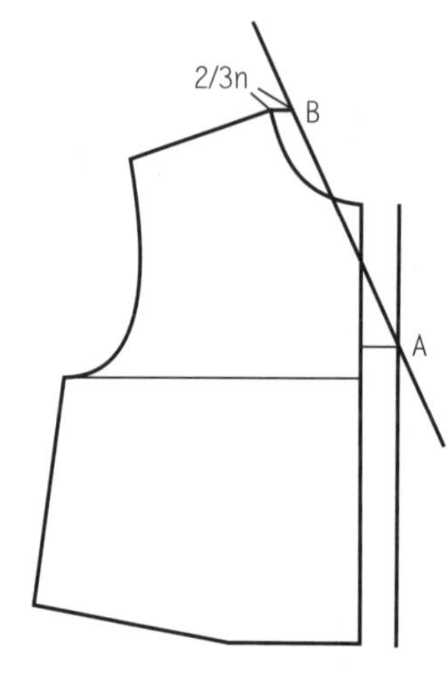

图6-1-7 确定驳折线

2. 设计领型，绘制领型驳头

如图 6-1-8 所示，在驳折线以内的前衣片上画出所设计的驳头造型，然后以驳折线为轴，将设计好的驳头造型对称绘制到翻折线的另一侧（找出重点的位置，对称映射即可）。根据款式造型，如果立驳领的后立领比较高，前衣片肩线也可在侧颈点类似连身立领一样缓慢起弧略抬高侧颈点。

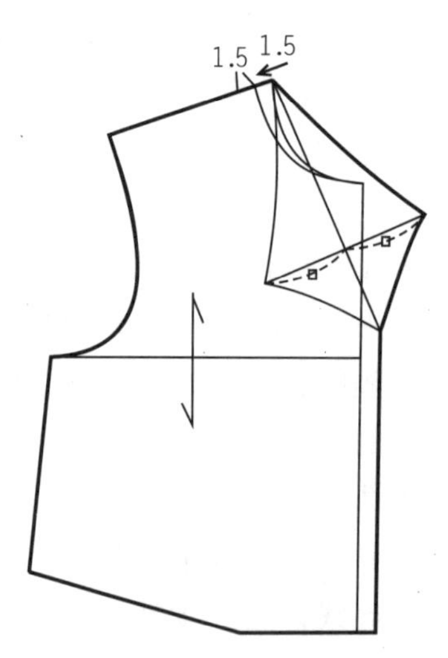

图6-1-8 驳领对称映射

3. 与前衣片驳领相应开宽后领窝，测得后领口弧线长，以后领口弧线长为长，领高为宽作长方形并收缩领上口使领底线起翘完成后立领，如图 6-1-9 所示。

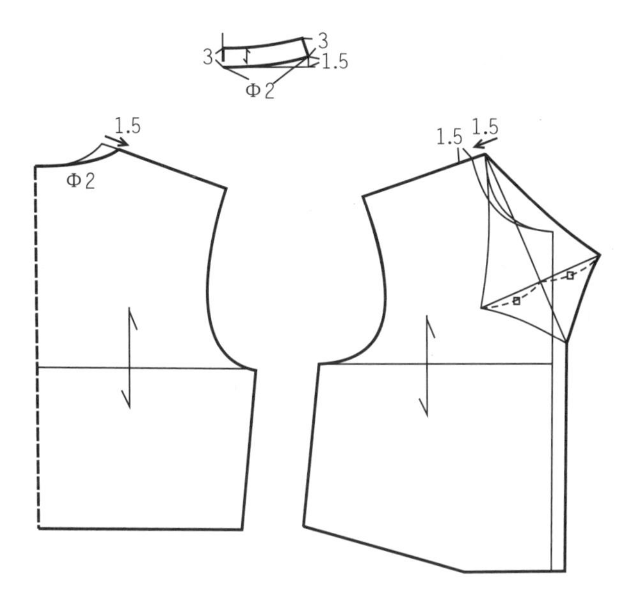

图6-1-9　完成后衣片的立领

三、连身驳领

（1）连身驳领效果图，如图 6-1-10 所示。

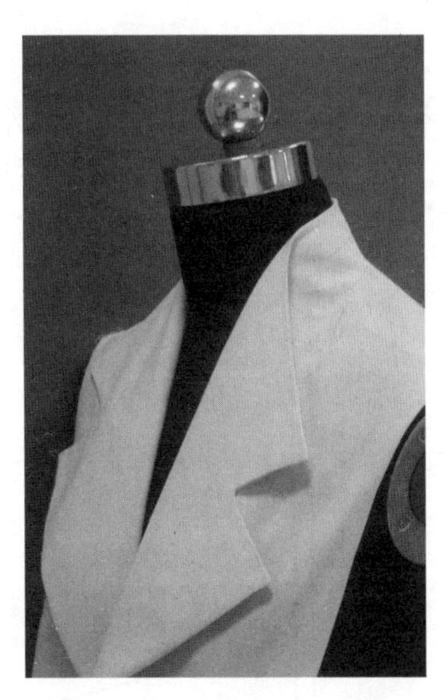

图6-1-10　连身驳领效果图

（2）把翻驳领的翻领和立驳领的立领直接与衣身连为一体的领子称为连身驳领。

如图 6-1-11 所示，把图（1）中翻驳领前领口线、串口线取消，领子与衣身连为一体，翻驳领结构就成了图（2）的连身翻驳领结构。

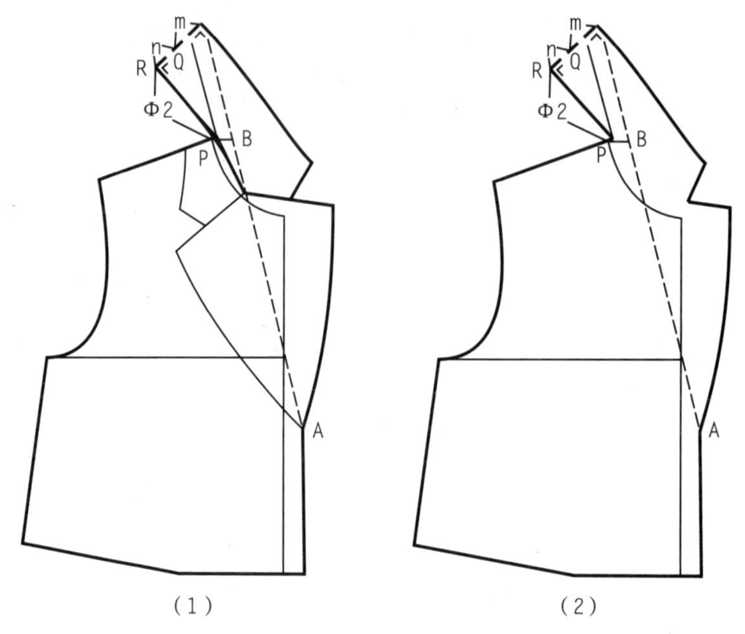

图6-1-11 连身翻驳领结构

如图 6-1-12 所示，把图（1）中立驳领的直立领线段 CD 与前衣身驳领线段 AB 整形拼合连为一体，分体立驳领结构就成了图（2）的连身立驳领结构。

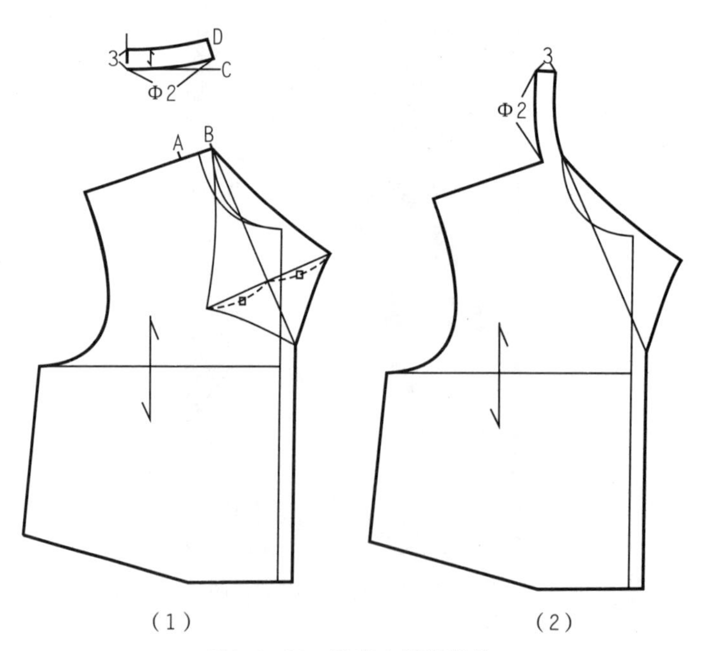

图6-1-12 连身立驳领结构

连身驳领的结构制图步骤和结构变化原理都与翻驳领和立驳领类似。

第一步，确定上下驳折点，画出驳折线（同翻驳领）。

第二步，设计领型，对称映射（同翻驳领）。

第三步，根据领面领座差量，选择倒伏，在倒伏后的领座线上做垂线取领座 n，领面宽 m，从后领中心的领外围点与前领，前驳头圆顺连接，领底线与前肩线侧颈点连顺，连身驳领与衣身连为一体，没有串口线和前领口线，也没有前领底线，只有后领底线。如果是连身立驳领，只是领底线倒伏方向与翻驳领相反而已。

连身驳领结构分析：连身驳领比较适合倒伏较小的翻驳领或立驳领，当领面领座差量很大，倒伏量较大，如图 6-1-11 中 PQ 与肩线的夹角较小的时候，会增加工艺制作的难度，不宜采用连身翻驳领结构。

四、翻驳领结构分析

从上述翻驳领的结构制图过程中可以看出，翻驳领缺口的形状大小，翻领和驳头的比例、驳头的宽度和形状，不过是形式的选择，它们对结构的合理性不产生直接影响，因此翻驳领形式的设计完全可根据审美要求和习惯而定。而领底线倒伏量的设计，却会对领型结构产生影响。如果领底线倒伏量大于正常用量，翻领外围容量偏大，成衣领翻折下来领面会飘离衣服而不服贴，如图 6-1-13 所示。

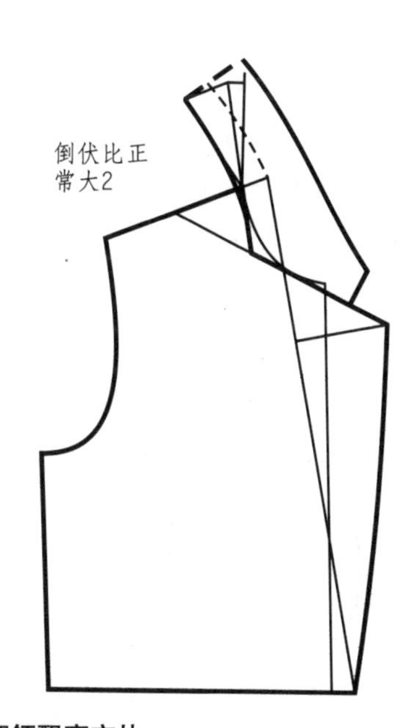

图6-1-13 倒伏过大翻领飘离衣片

如果翻驳领倒伏量为零或小于正常的用量，使领外围容量不足，领子压迫衣片挤出褶皱，如图 6-1-14 所示，这和翻领结构原理完全相同。

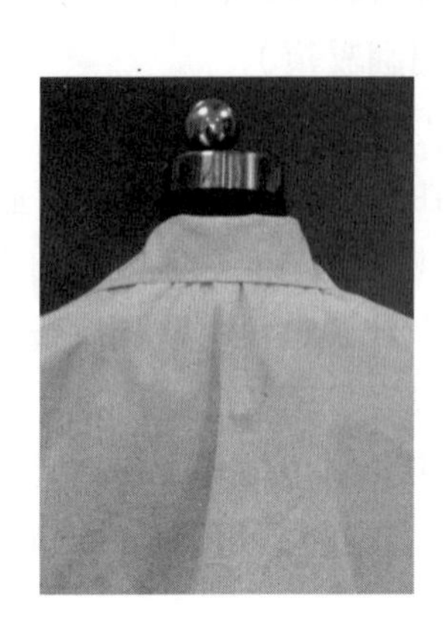

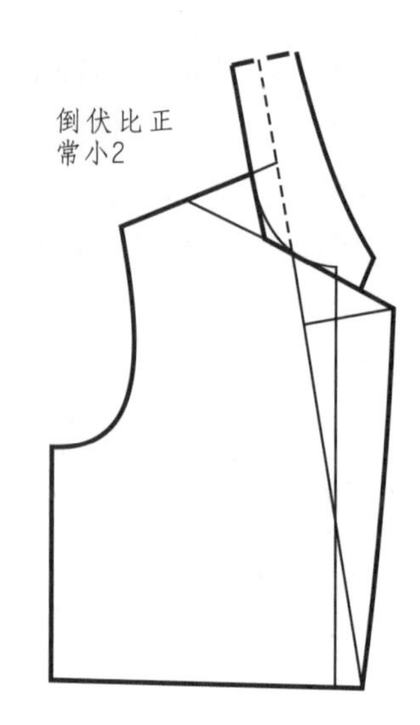

图6-1-14 倒伏不够衣片出现褶皱

因此，从翻驳领结构而言，翻驳领领底线倒伏量 x+a 表现出完全动态的特征。x 值由驳点位置的高低而定，驳点越高说明开领越小，驳口线斜度越大，与垂直线形成的夹角距离 x 值越大。倒伏量关系式 x+a 是动态的，随领面 m 与领座 n 两者差量的增加而增加。

根据本人实践，获得如下可供参考的数据。当领面和领座差量 a 取值较小时（一般小于 3cm 时），倒伏量 x+a 中的 a 可直接取领面领座差量。而当领面领座差量较大时，a 的取值就不能直接取两者的差量，而必须打个差量的折扣：

当领面 m 与领座 n 两者差量范围在 $4 \leqslant m-n \leqslant 6$ 时，$a \approx 0.8 \sim 0.9 \times (m-n)$

当领面 m 与领座 n 两者差量范围在 $7 \leqslant m-n \leqslant 9$ 时，$a \approx 0.7 \sim 0.8 \times (m-n)$

当领面 m 与领座 n 两者差量范围在 $9 \leqslant m-n \leqslant 11$ 时，$a \approx 0.5 \sim 0.6 \times (m-n)$

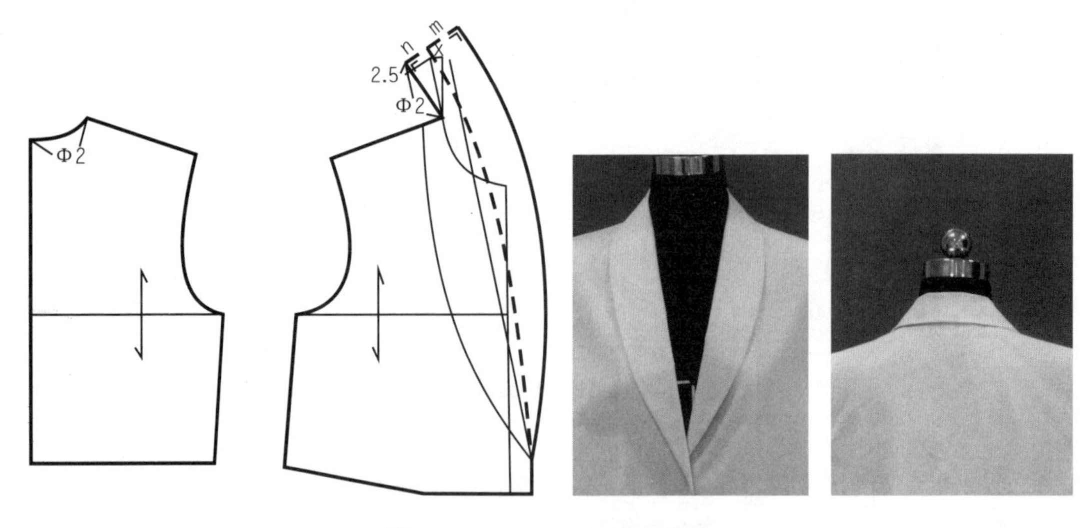

图6-1-15 m-n=1cm时的倒伏

如图 6–1–15 所示，领面 m 为 4cm，领座 n 为 3cm，领面 m 与领座 n 两者差量为 1cm, 倒伏为 x+1 ≈ 2.5cm。

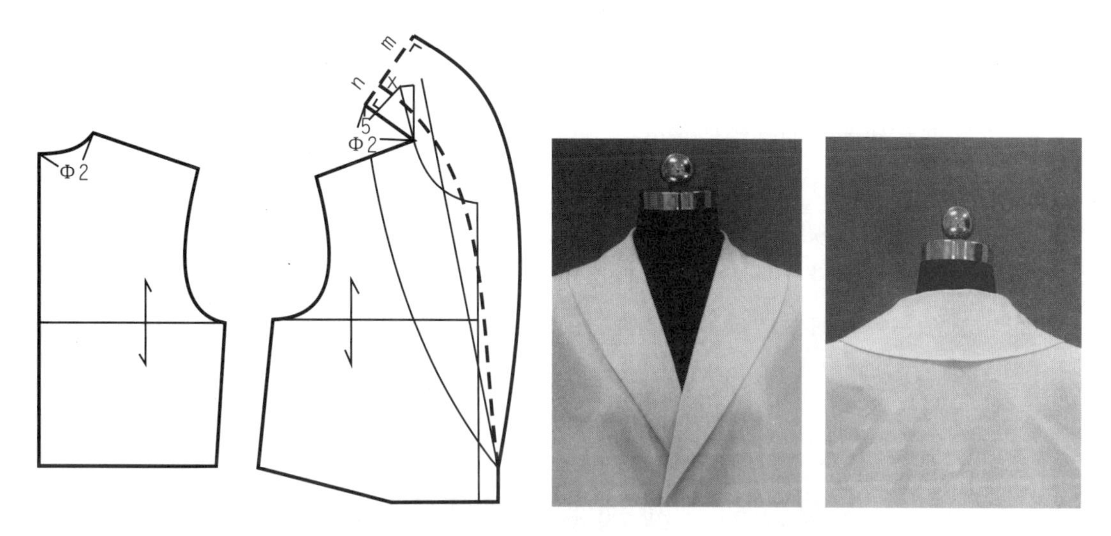

图6–1–16 m–n=5cm时的倒伏

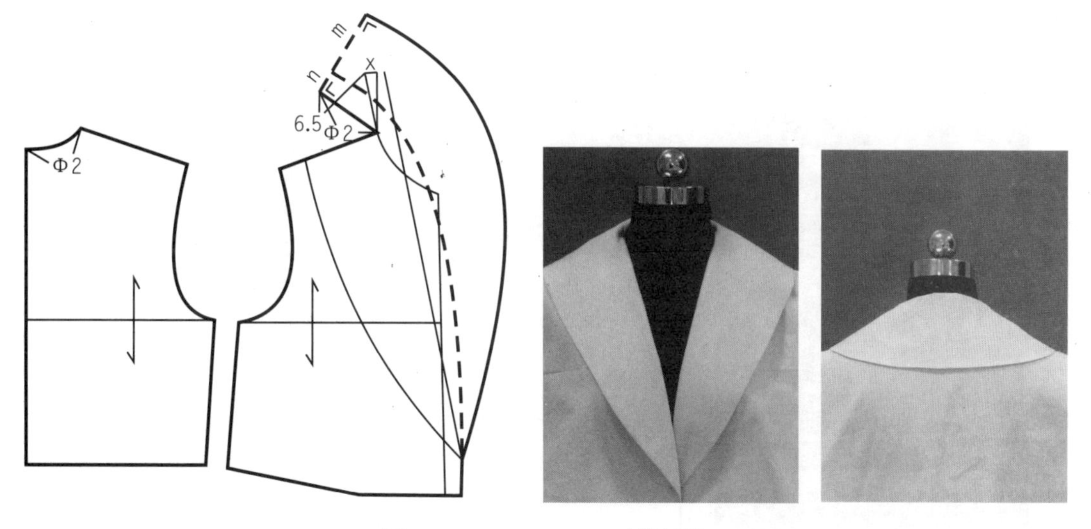

图6–1–17 m–n=9cm时的倒伏

如图 6–1–16 所示，领面 m 为 8cm，领座 n 为 3cm，领面 m 与领座 n 两者差量为 5cm，倒伏为 x+5 × 0.8 ≈ 5.5cm。如图 6–1–17 所示，领面 m 为 11cm，领座 n 为 2cm，领面 m 与领座 n 两者差量为 9cm，倒伏为 x+9 × 0.55 ≈ 6.5cm。

为了实物制作方便，领面与领座差量的渐次递增案例采用了连身翻驳领的形式，从图 6-1-17 的效果图可以看到，当领底线倒伏较大时，如采用连身翻驳领的结构形式，衣领在侧颈点因缺少衣身与衣领重叠量较多而不服帖，同时因领底线与肩线夹角太小而增加缝制难度，这在连身驳领结构分析中已涉及。

思考题：

1. 驳领驳折线曲直的结构原理？
2. 翻驳领和驳领有什么相通之处？
3. 翻驳领和立驳领之间如何转换？
4. 连身驳领结构设计时应注意些什么？
5. 驳领结构设计时倒伏量如何选择？

第二节　驳领结构原理应用案例

驳领结构设计具体应用案例参见图 6-2-1 ~图 6-2-24。

双排宽搭门，上驳折点按领座确定，下驳折点到腰节，驳折线为曲线，领面领座差量为 3.5cm，领底线倒伏 6cm 左右。

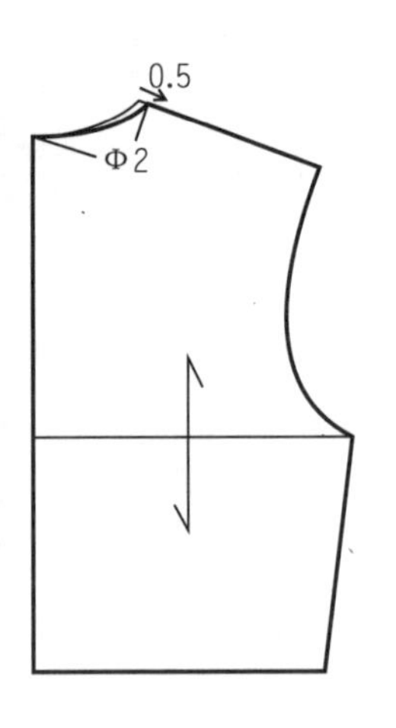

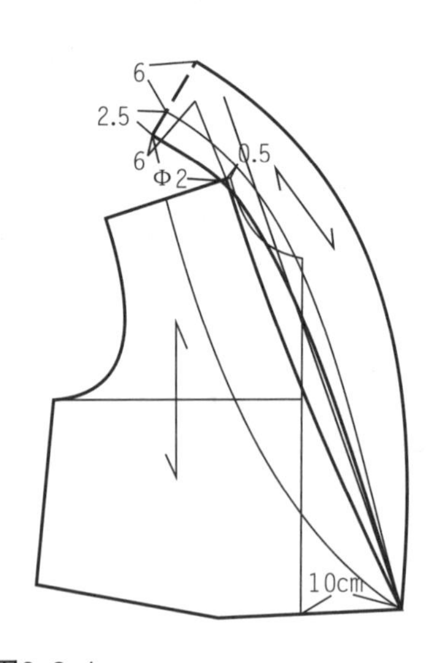

图6-2-1

双排宽搭门，驳折线为曲线，领面领座差量较小，领底线倒伏 4cm 左右。

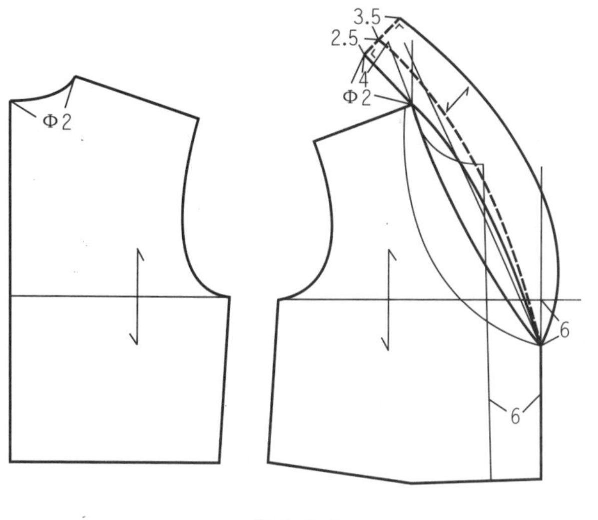

图6-2-2

双排宽搭门，确定驳折线后，依款式画出造型，对称映射，领底线倒伏 4cm 左右。

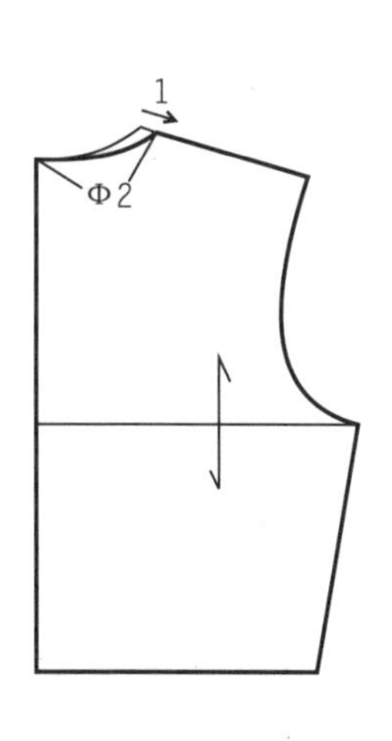

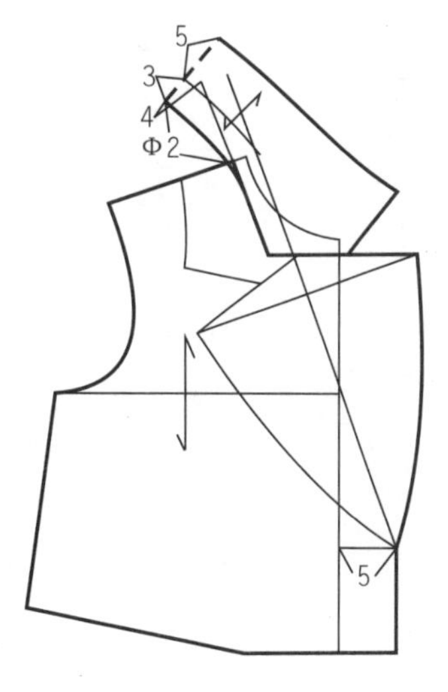

图6-2-3

驳折线为直线，按图画出前领和驳头，对称映射，领底线倒伏 4.5cm 左右。

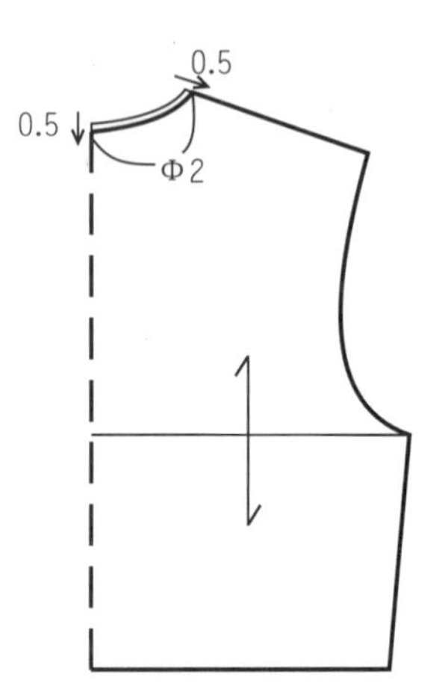

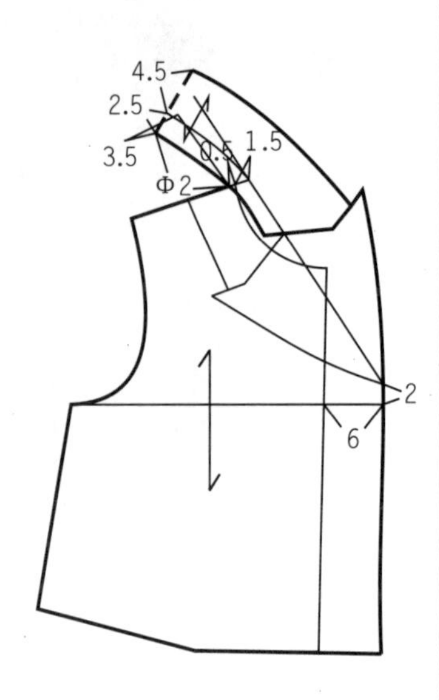

图6-2-4

宽搭门，驳折线为直线，按造型画出前领和驳头，对称映射，领底线倒伏 4cm 左右。

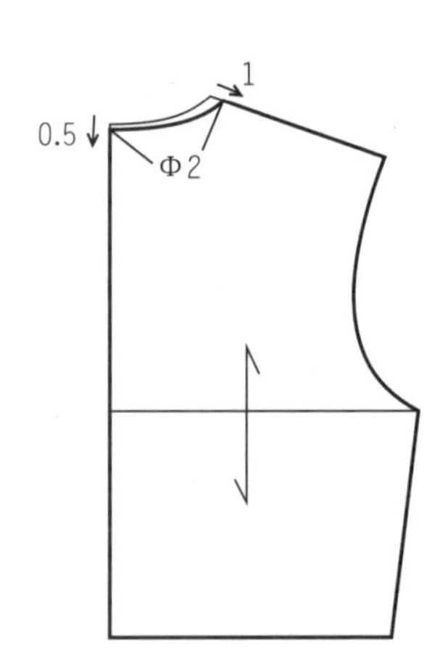

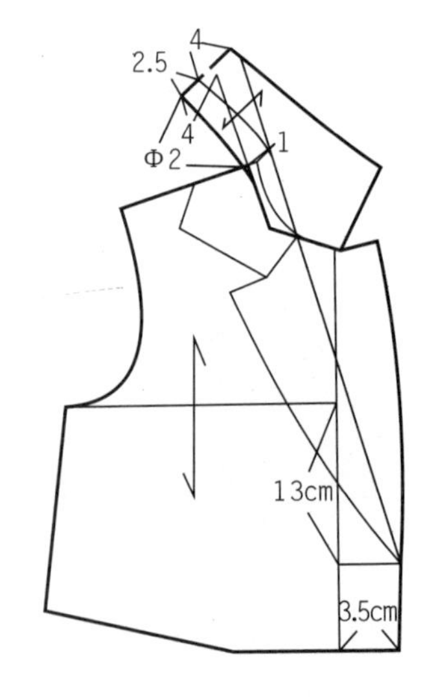

图6-2-5

驳折线为直线，画出前领和驳头，对称映射，领底线倒伏 4.5cm 左右。

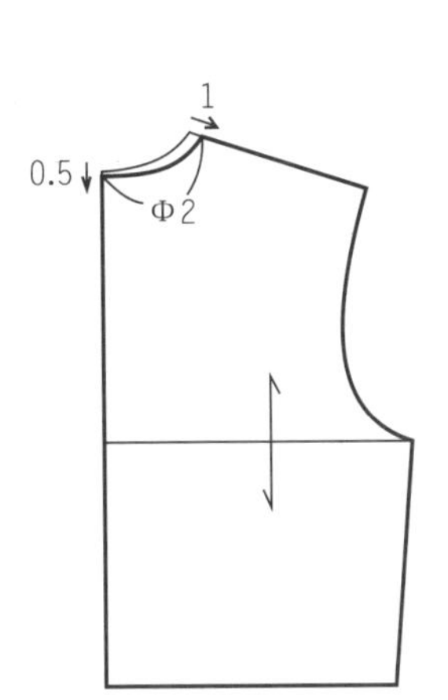

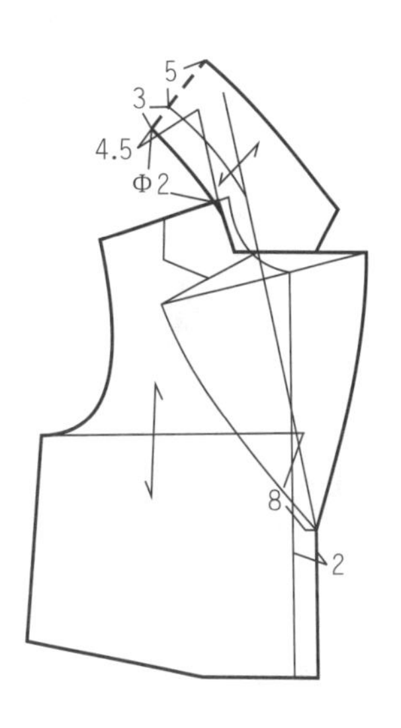

图6-2-6

驳折线为曲线，领底线和前衣片领口线曲度相近，方向相反。

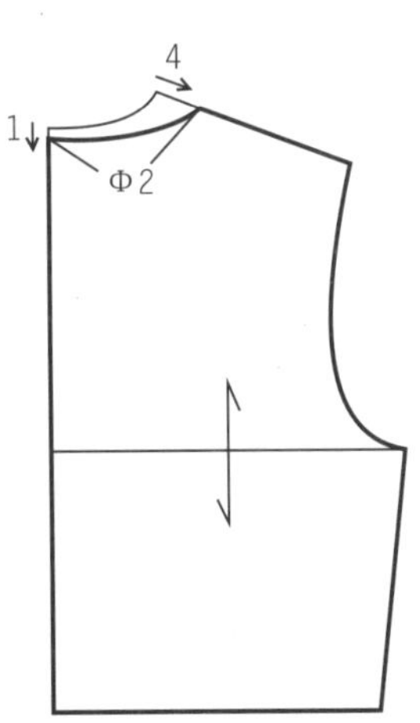

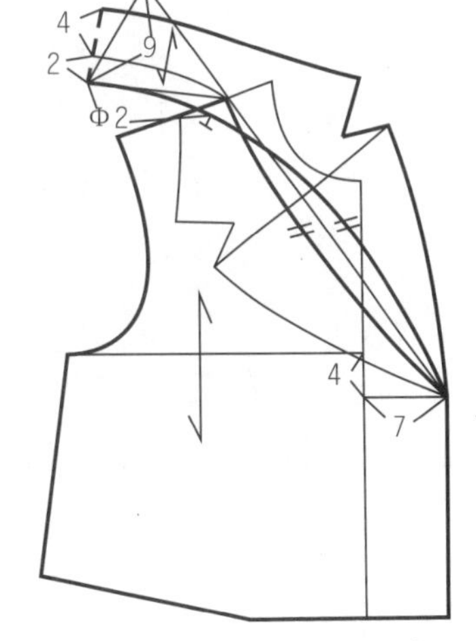

图6-2-7

驳折线为曲线，领座较低，领面较宽，倒伏 9cm 左右。

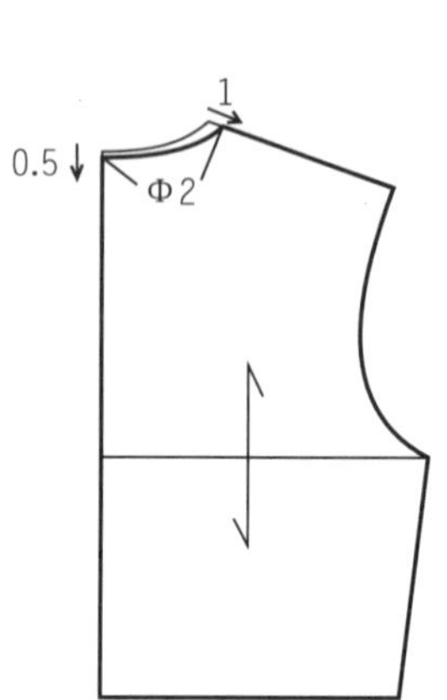

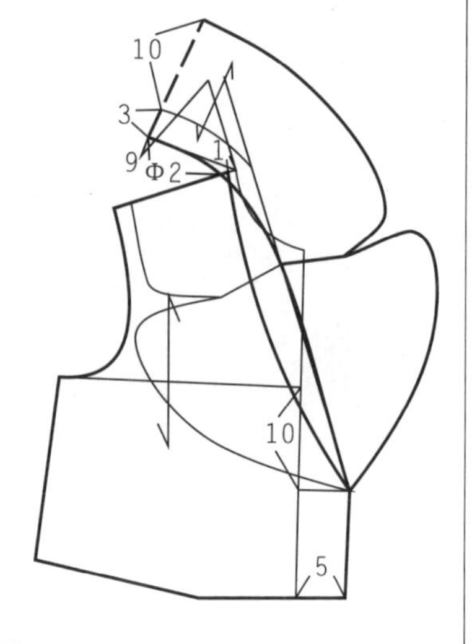

图6-2-8

驳折线为直线，按造型画出前领片和驳头，对称映射，领面领座差量较大，领底线倒伏 6cm 左右。

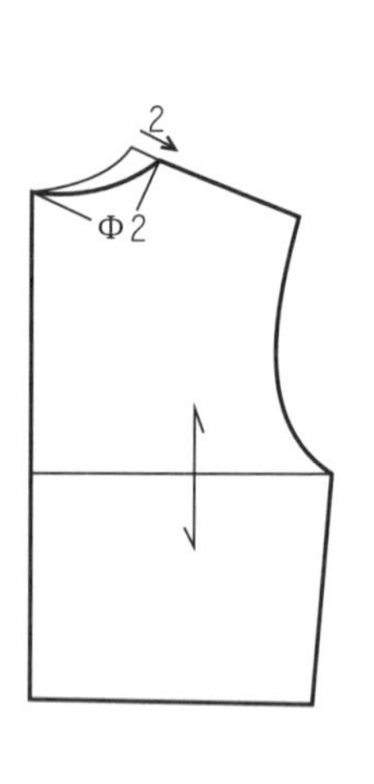

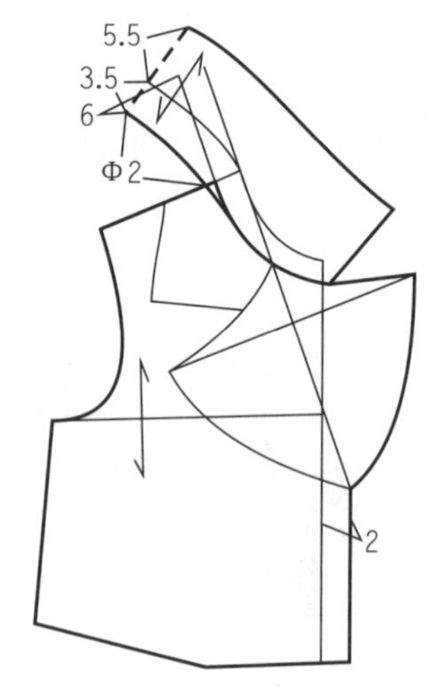

图6-2-9

驳折线为直线，按造型画出前领片和驳头，对称映射，领底线倒伏 3cm 左右。

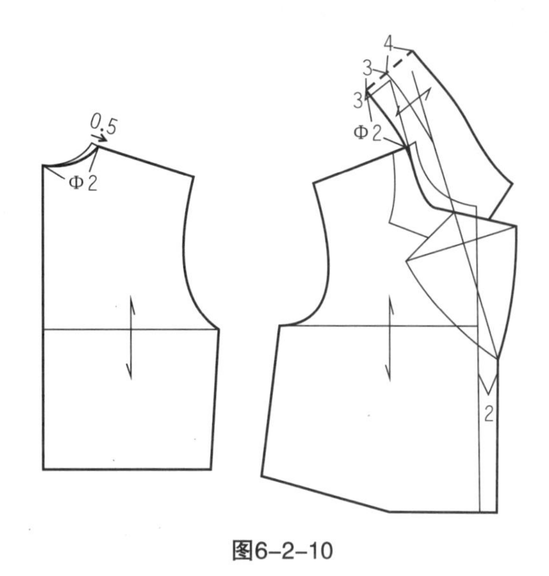

图6-2-10

驳折线为直线，按造型画出前领和驳头，对称映射，领底线倒伏 8.5cm 左右。

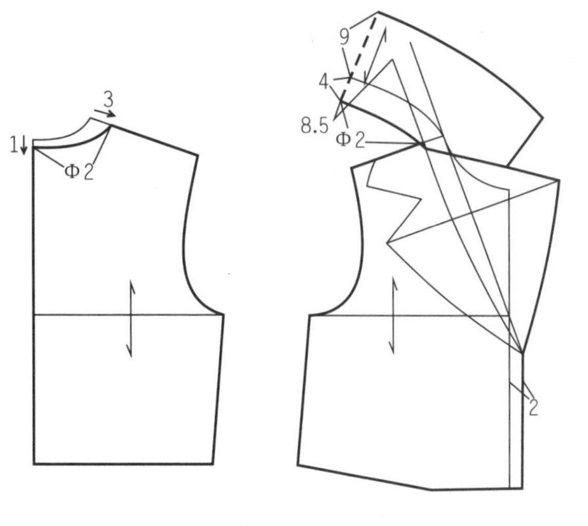

图6-2-11

驳折线为直线，领面领座差量略大，倒伏5cm左右。

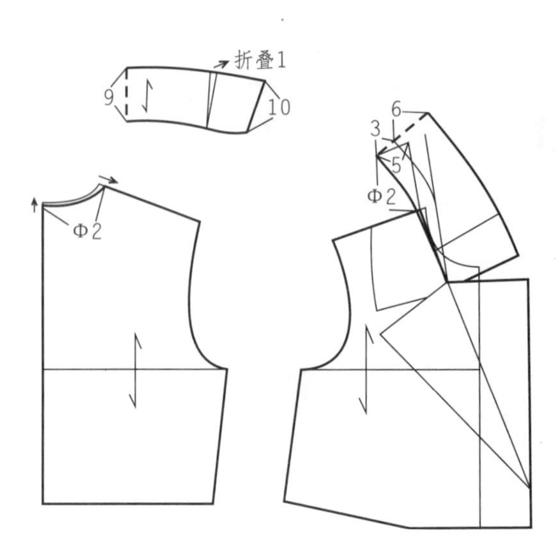

图6-2-12

立驳领，驳折线为直线，按造型画出前领片和驳头，对称映射，后领为立领造型，领底线相对常规领底线反方向倒伏1.5cm左右。

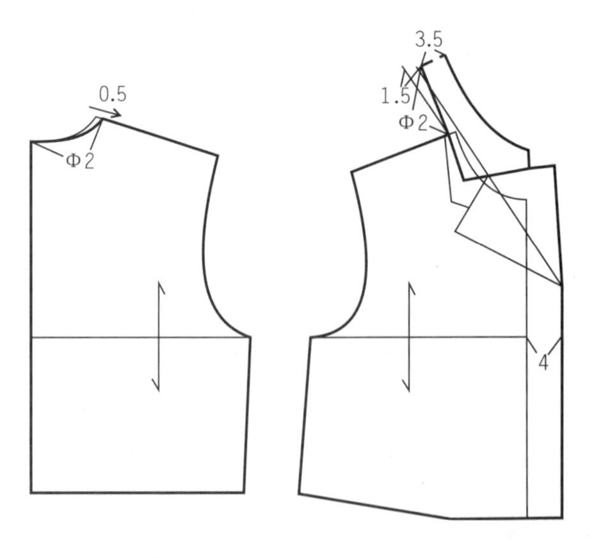

图6-2-13

驳折线为直线，领座较低，领面较宽，领底线倒伏5cm左右。

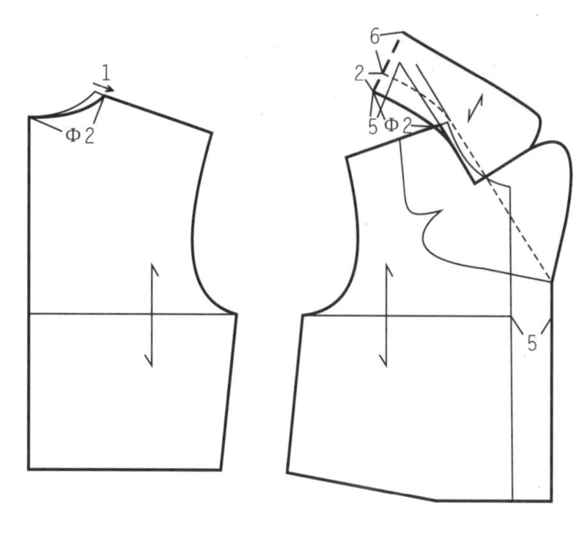

图6-2-14

驳折线为直线，按造型画出前领片和驳头，对称映射，领底线倒伏5cm左右。

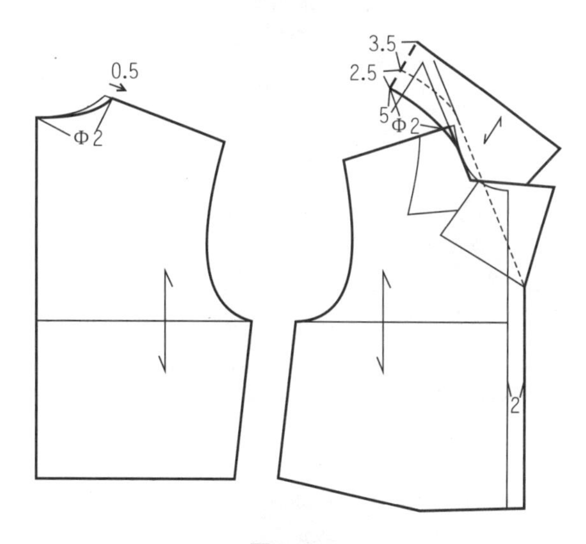

图6-2-15

驳折线为直线，按造型画出前领片，对称映射，领底线倒伏 2.5cm 左右。

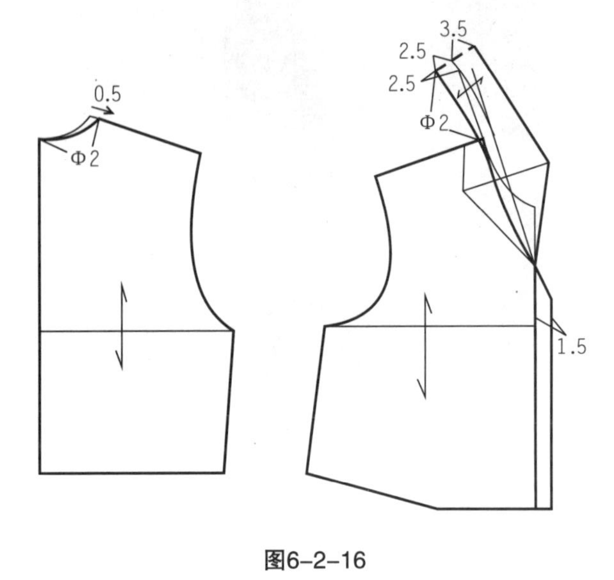

图6–2–16

驳折线为直线，按图画出前领片和驳头，对称映射，领底线倒伏 3cm 左右。

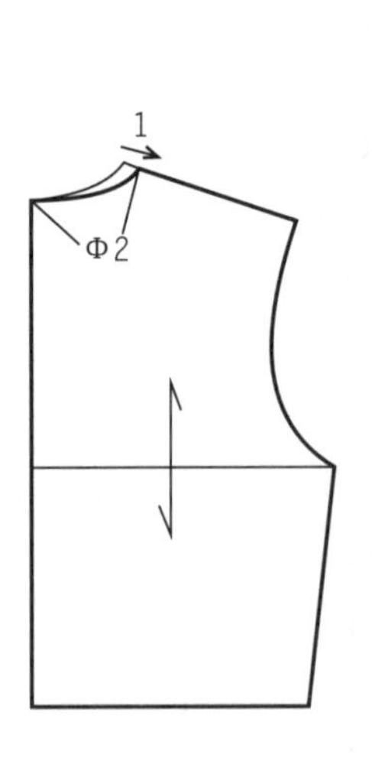

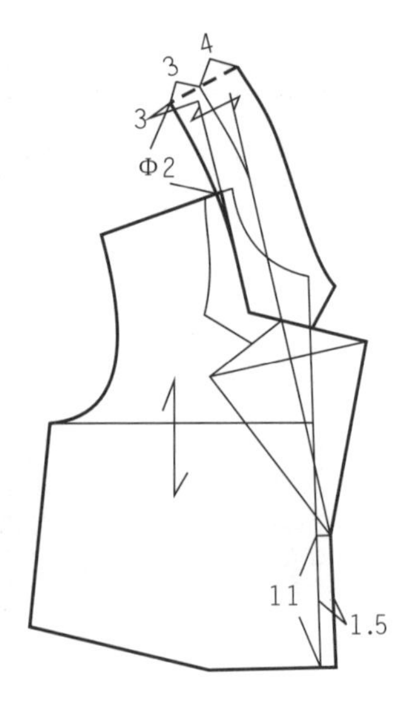

图6–2–17

立驳领，驳折线为直线，按造型画出前领驳头，对称映射，后领为立领，按立领原理折叠收缩领上口线。

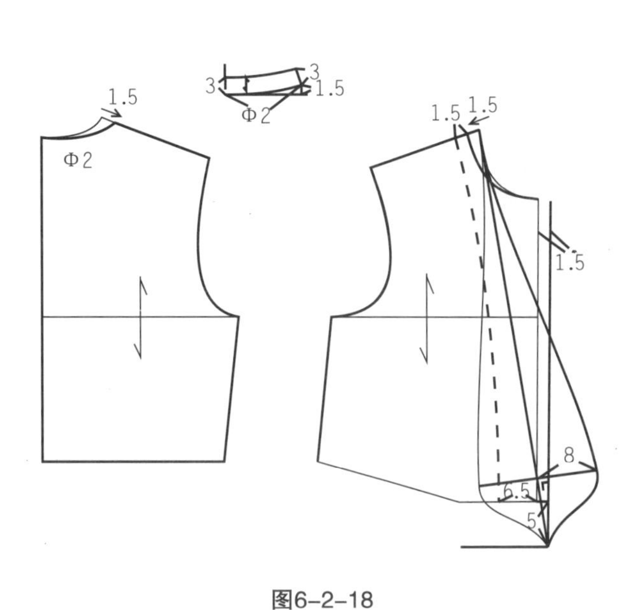

图6-2-18

驳折线为直线，领座和翻领领面都较小，领底线倒伏 3cm 左右。

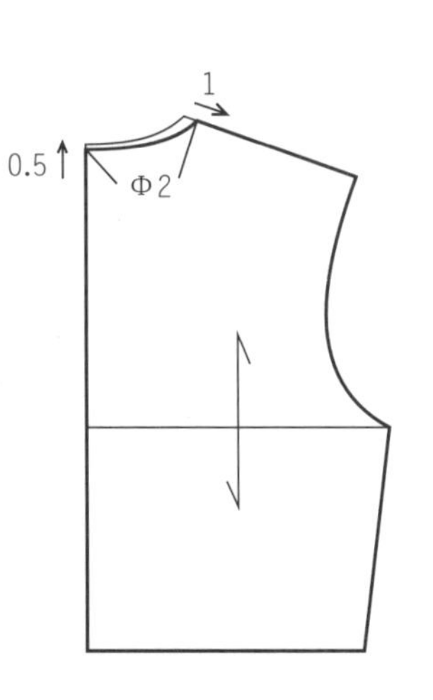

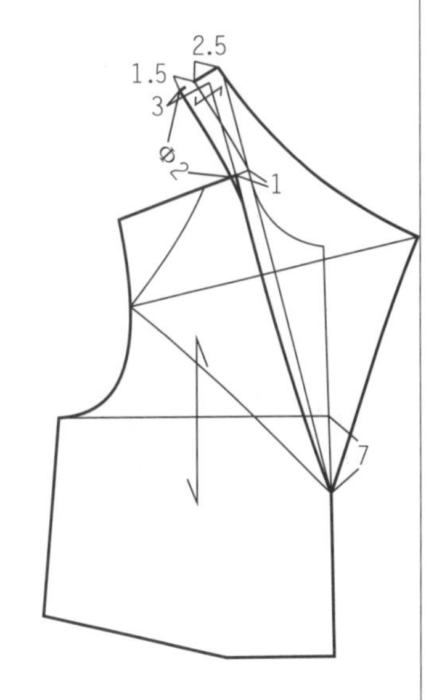

图6-2-19

没有串口线，没有后领，不存在倒伏，前领和驳头连成整体，翻折线为曲线。

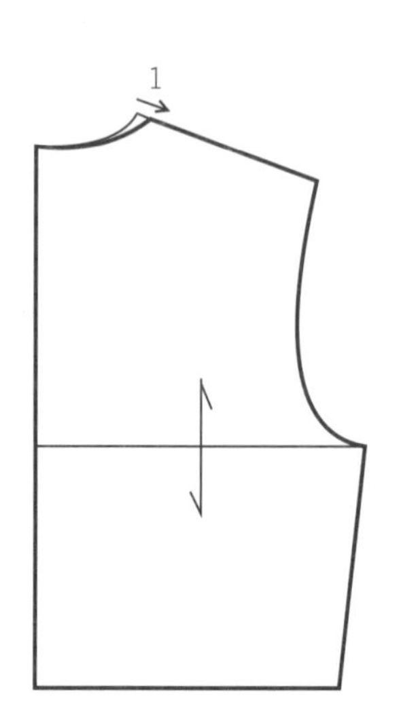

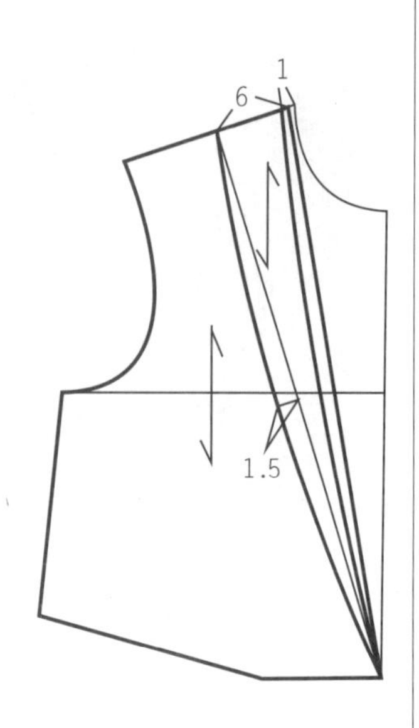

图6-2-20

搭门量为2cm，确定驳折线后，画出驳头和前领造型，对称映射，领面、领座差量较小，领底线倒伏3.5cm左右。

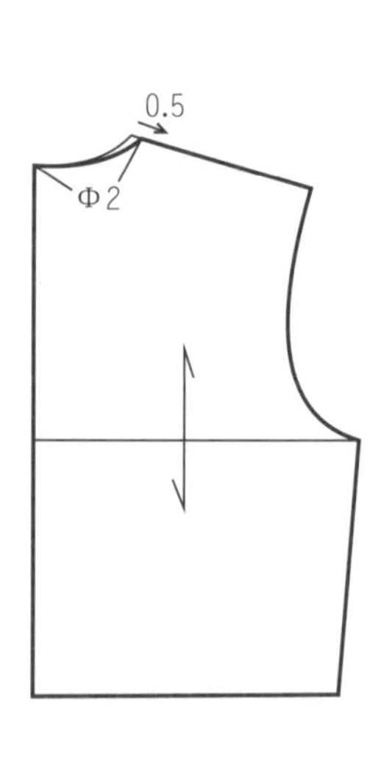

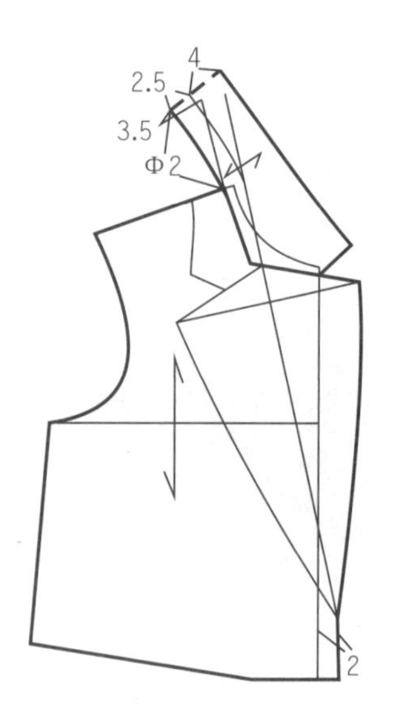

图6-2-21

横开领开得较大，驳折线为曲线，翻领领座部分做类似分体企领上口折叠处理，领面的领底线略收缩。

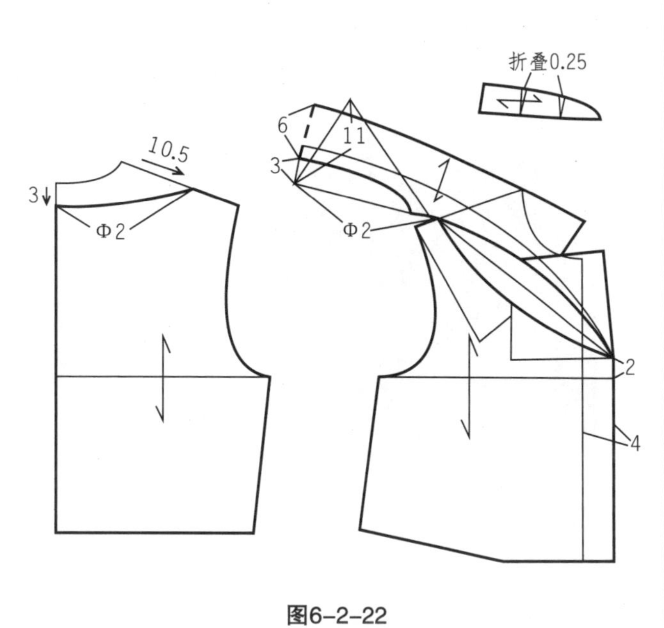

图6-2-22

驳折线为直线，按造型画出前领片和驳头，以驳折线为轴对称映射，领底线倒伏 7cm 左右。

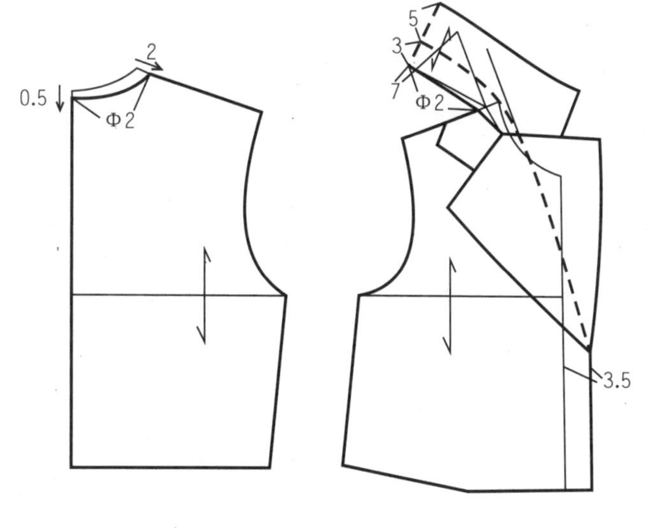

图6-2-23

驳折线为直线，领面领座差量较小，领底线倒伏3cm。

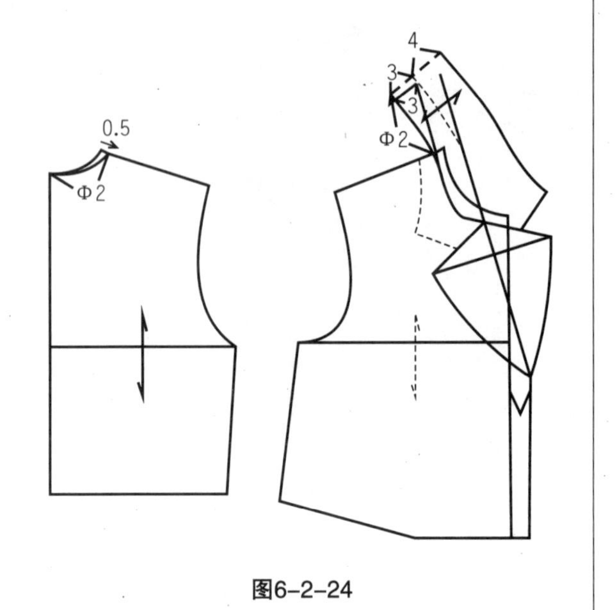

图6-2-24

第七章

帽 领

帽领是帽子与衣片共同组成的一种特殊领型。既可以作为装饰,又可以保暖挡风。和其他领型一样,通过分割、拼合、切展、抽褶等处理手法可以变化出各种不同的款式和造型。

第一节 帽领结构原理

一、帽领结构基本型

帽子与衣片，以结合形式分类，有连体式和脱卸式两种，连体式是帽子与衣片领围线缝合，脱卸式是帽子通过纽扣或者拉链与衣身相连，可以方便脱卸。以组成帽子的片数分类，主要有两片式和三片式，三片帽是两片帽的结构演变。

帽领结构设计的两个关键数据是帽高和帽宽，帽领的高度必须能包容头部，并满足帽领造型的需要。帽领的高度和宽度可以根据实测头围尺寸和加放宽松量来确定。实测部位主要是后头围与帽高，后头围为右太阳穴 A 点沿后脑到左太阳穴 B 点的距离，帽高为头顶到侧颈的距离，尤其是设计较宽松的帽领时，根据头顶高来确定帽高所需增加的垂坠量，更容易把握帽子的造型，如图 7–1–1 所示。

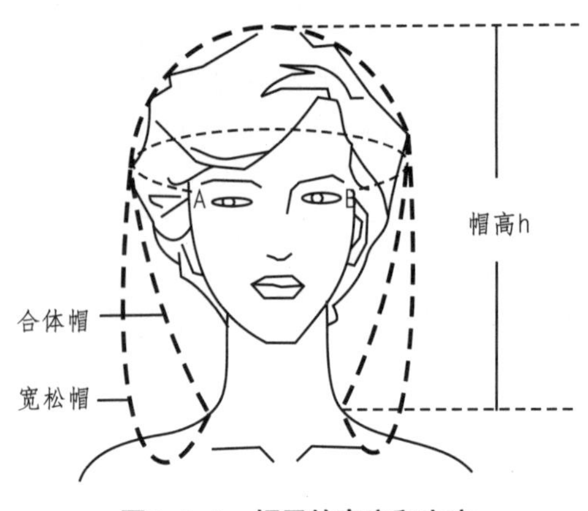

图7–1–1 帽子的高度和宽度

帽领可以看作是由翻领向上延伸而形成的，其基本结构为中性松度的两片帽结构。一般可利用衣身纸样绘图，先过衣身的侧颈点画一条水平辅助线，再向上延伸前中线，与水平辅助线相交于 A 点，从 A 点向上量取所设计的帽高尺寸，向左量取 1/2 帽宽尺寸，作一辅助矩形。帽宽和帽高在实测数据的基础上需加 2cm 和 5cm 左右的松量，才能满足头部活动所需的基本松度。之后，从前领孔向后画弯弧圆顺地与帽底水平辅助线相切，绘制帽底线，并量取与领孔相等的长度定出帽后中符合点 B，从 B 点连线是帽中后辅助线的中点。最后，在距帽顶角 5~6cm 处作内切圆弧与辅助线相切，圆顺地连接帽领的轮廓线，完成制图，如图 7–1–2 所示。

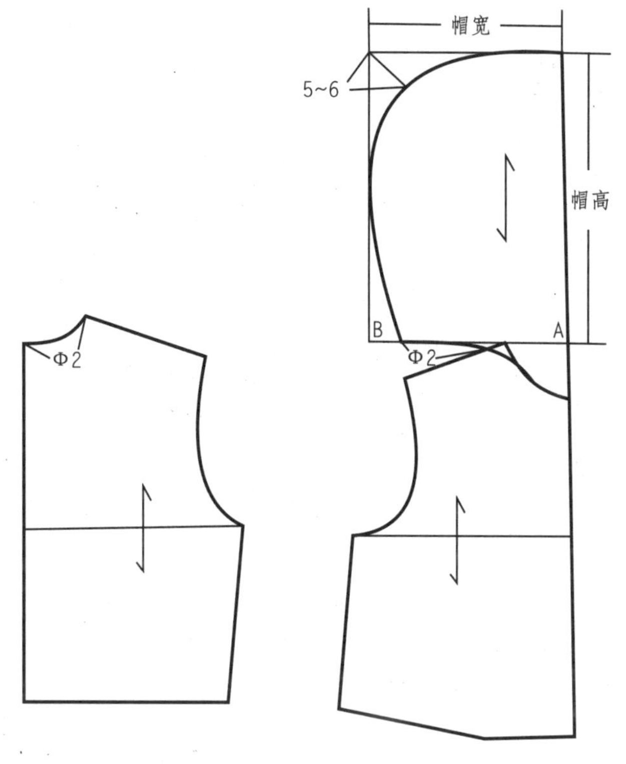

图7-1-2 帽子基本结构

由此建立了两片帽的基本结构，有两片帽制成的实物效果如 7-1-3 所示。

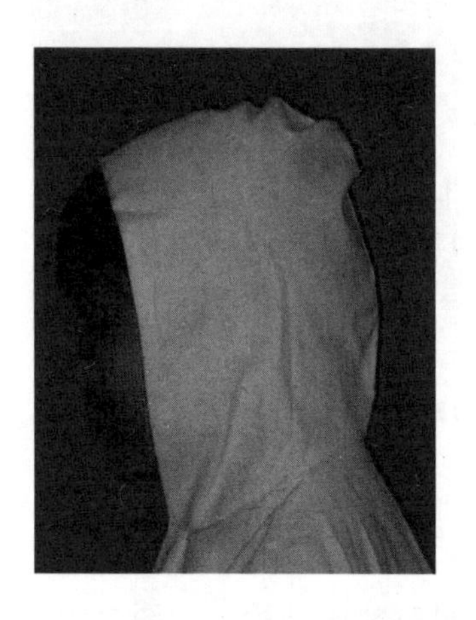
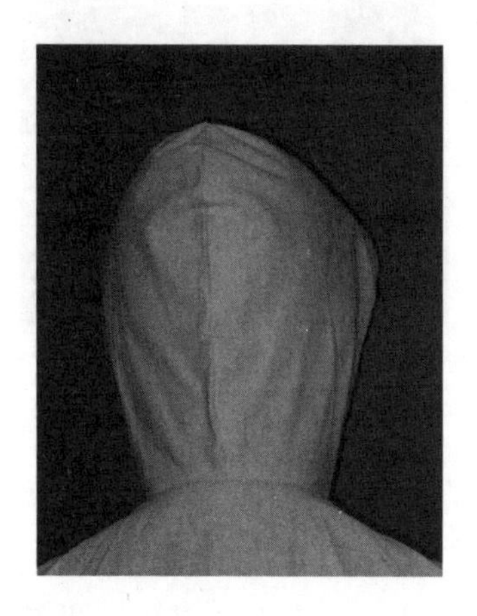

图7-1-3 两片帽实物效果

从图中可以发现，制成的帽子在前额显得短缺，无法起到很好的保暖防护作用，所以在此基础上，对两片帽的基本结构进行完善，在帽顶前中适当延伸放出 3~5cm，结构如图 7-1-4 所示，实物效果如图 7-1-5 所示。

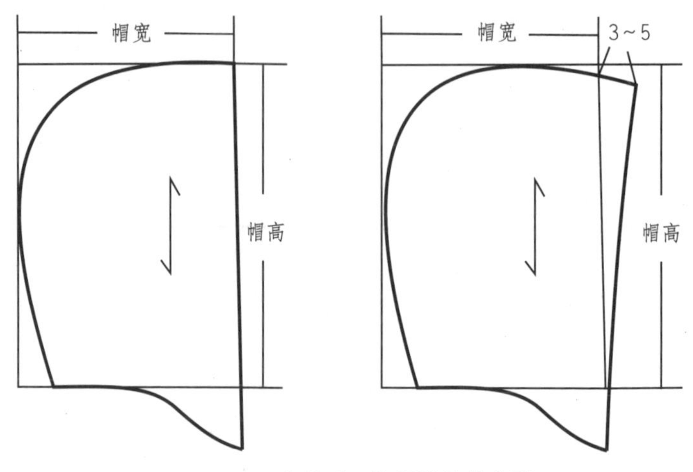

图7-1-4　完善后两片帽结构基本型

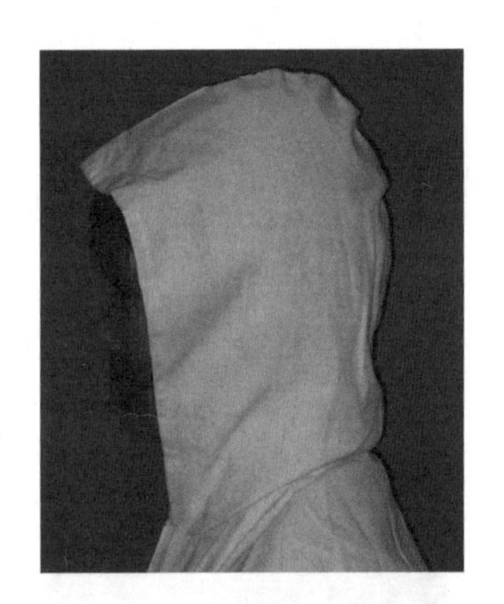

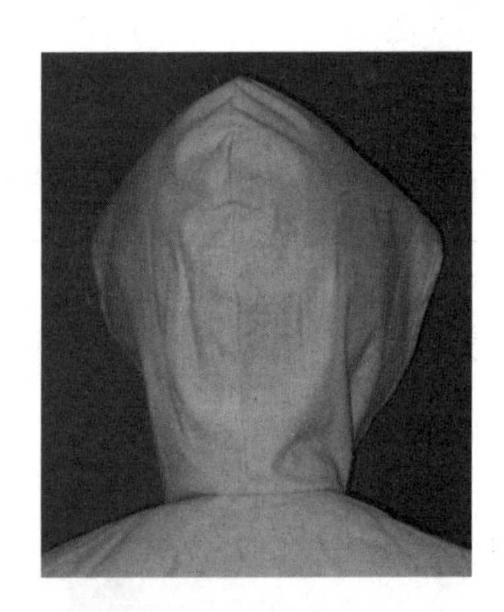

图7-1-5　完善后两片帽实物效果

两片帽结构基本型的基础上进行变化就可获得三片帽结构，如图 7-1-6 所示在两片帽离后中 4~6cm 处做一条 ABC 分割线，图中弧线 ABC= 弧线 ABD，就由两片帽变成了三片帽，三片帽的制成的实物效果图 7-1-7 所示。

在两片帽和三片帽的实物效果对比中可以发现，两片帽在后脑部位会有空隙，并不十分贴合人体，而三片帽比两片帽更具有立体效果，在后脑部分更加贴合头部。

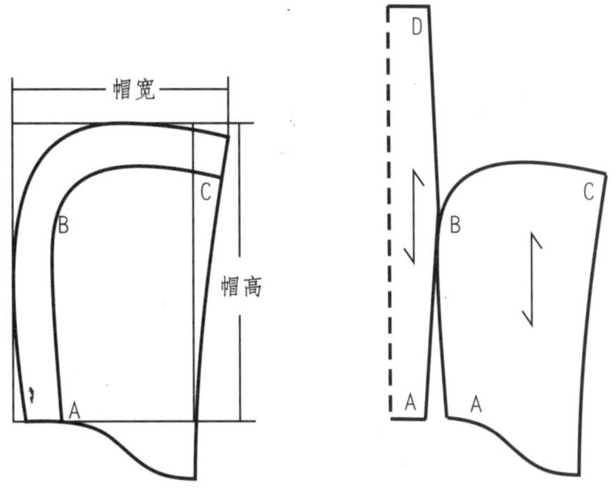

图7-1-6 两片帽与三片帽的转换关系

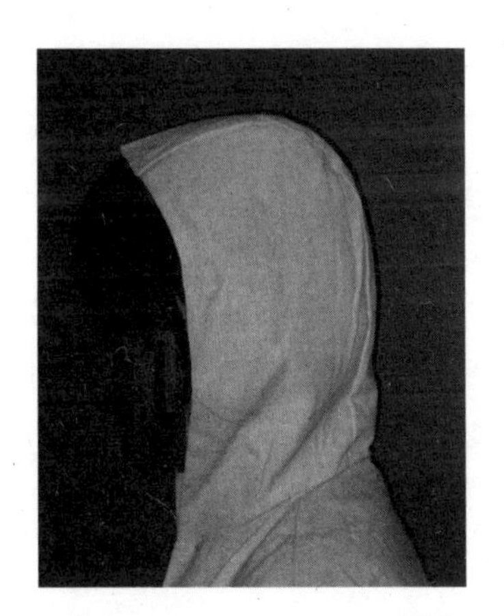

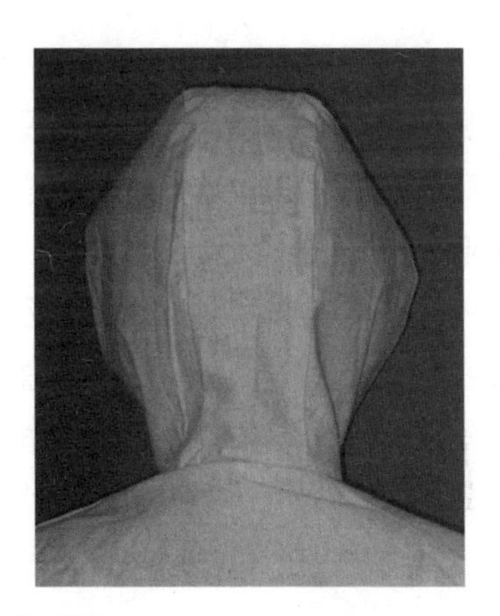

图7-1-7 三片帽实物效果

二、帽领的结构原理

由帽领结构可见，帽子与头部之间的松度不仅取决于帽宽与帽高所加放的宽松量，而且与帽底线的形状有关。如图 7-1-8 所示，当帽宽与帽高不变时，如果帽底辅助线（1线）高于侧颈点，帽底线弯曲增大，帽子后部高度减小，与头顶间隙也小，当头部活动时，容易造成帽子向后滑落。但这种结构的帽领底线由于与前领孔完全吻合，可以形成帽领与前衣身相连的连身帽领。并且当摘掉帽子后，帽后两侧摊倒在肩部，从前面看犹如翻领，因而更适用于休闲装的帽领结构。如果帽底辅助线（2）低于侧颈点线，帽底线弯度较小，帽子后部高度增加，为头部的活动留有充分的空间，当头部活动时，帽子不易向后滑落，反会使帽口前倾。摘掉帽子后，帽子会堆在颈部，保暖及防护性较好，因而，冬装所用的帽装或活帽多是采用这种结构。

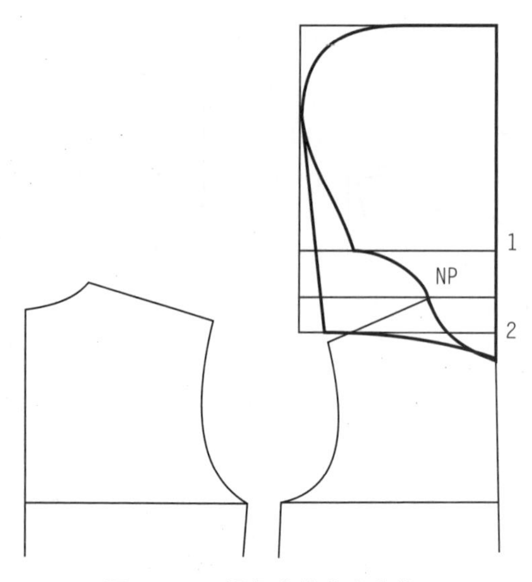

图7-1-8 帽领底线曲度变化

如果帽领的结构同时能符合翻领的设计原理，则帽领就可以完全转变成翻领的造型，这就是使翻领的领面有足够的翻折松度，领中线为直线且垂直于后领底线，保证领面翻折后在肩背部平伏而成型良好。如图 7-1-9 所示，对比帽领结构基本型，其帽领底线的弯曲度已能满足领面翻折松度的需要，只要经过后颈符合点作帽底辅助线的垂线，就可重新确定帽后中线，然后，在前端帽口处追加帽外沿尺寸，并按领型要求修正帽口线与帽顶线即可完成两用帽领的结构制图。由于帽领的帽底线同时也是翻领的领底线，在此处必须依靠拉链的作用来完成两者之间的转换，使之开启为领，闭合成帽。

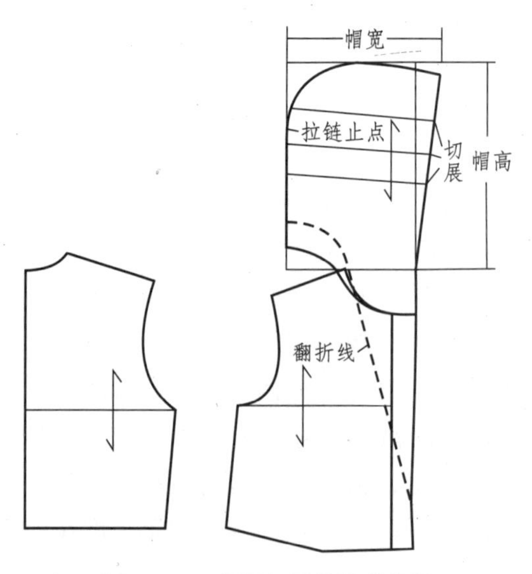

图7-1-9 帽子切展外沿成翻领

另外，也可通过切展帽外沿来增加帽外沿容量，使帽领外沿有足够的容量，帽子能像披肩一样敞开覆盖在肩背部位，此原理与翻领结构切展原理相同。

这种帽领结构也可利用前后衣身纸样制图，将前后衣片对齐侧颈点 NP，并使前后肩线在肩点处重叠 1~1.5cm，其目的是使帽领底线弯度适当减小（与平贴领结构原理同），当帽子翻倒后可在领孔形成 1cm 左右的领座，以掩盖缝装帽领的缝份。

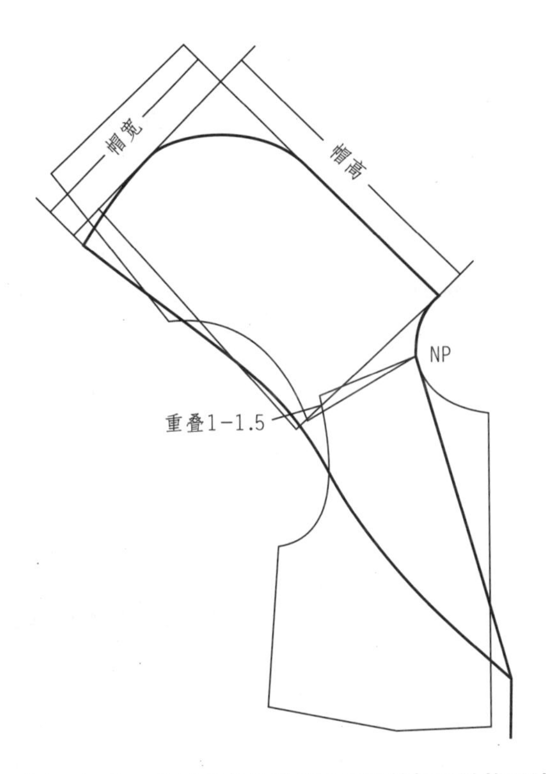

图7-1-10　前后衣身肩外端重叠法的帽子结构设计

三、 帽领的分割与施褶规律

帽领分割的目的是为了增加其合体度，使帽子整体呈现近似球形的立体造型。从两片帽领的展开图可见，其立体造型实际上由帽顶与帽底的两个省所形成的帽后凸点来实现的。

如果要使帽子摘下时能如披肩一样翻盖在肩背部，可按如图 7-1-11 所示切展帽外沿，增加外沿容量，同时在帽子外口（图中虚线所在位置）穿一条绳子以调节帽口的松紧。

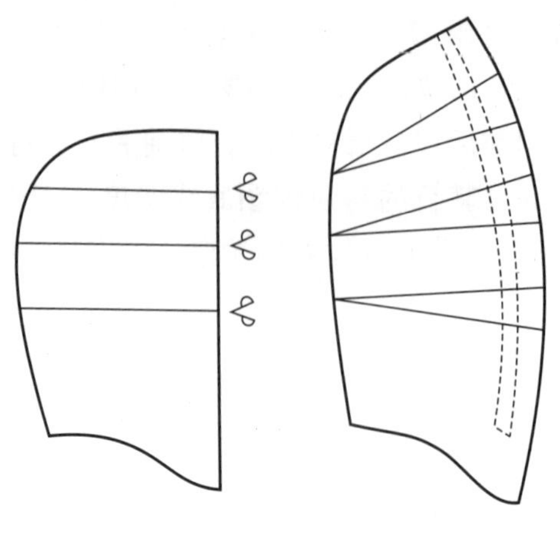

图7-1-11 帽子外口切展

帽领施褶可以认为是对帽子的另一种处理方法，通过施褶而使局部隆起，从而满足立体造型的需要。但是，如果是出于装饰的目的，而需要在帽口等处加放褶量时，帽领的松度与外观都会由于缩褶后的效果而改变。

当帽领造型希望在后颈、侧颈部位体现较紧凑合体的效果时，也即前后领窝的开度较小的时候，帽领底线长度会大于衣领领口线长度，这时可在帽子侧颈点收省如图7-1-12（a）所示。当衣身领子开度较大，又不希望头顶帽子很宽松，这时可在帽子侧颈点稍切展一定的量如图 7-1-12（b）所示。

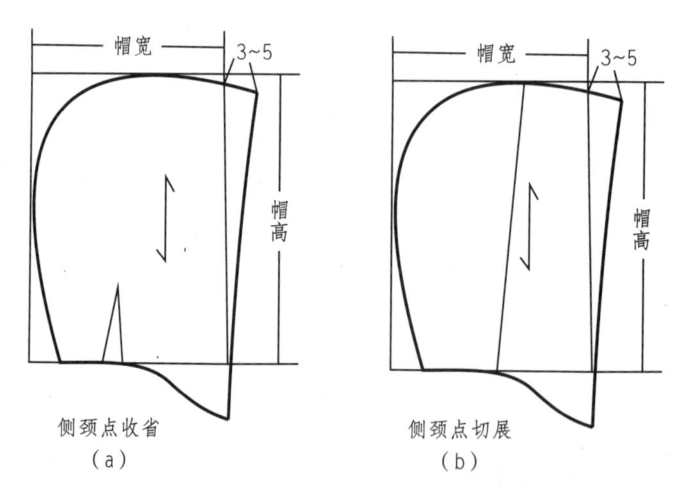

图7-1-12 帽领底线的收缩或切展

第二节 帽领结构原理应用案例

帽领结构设计方法的具体应用案例参见图 7–2–1 ～图 7–2–8。

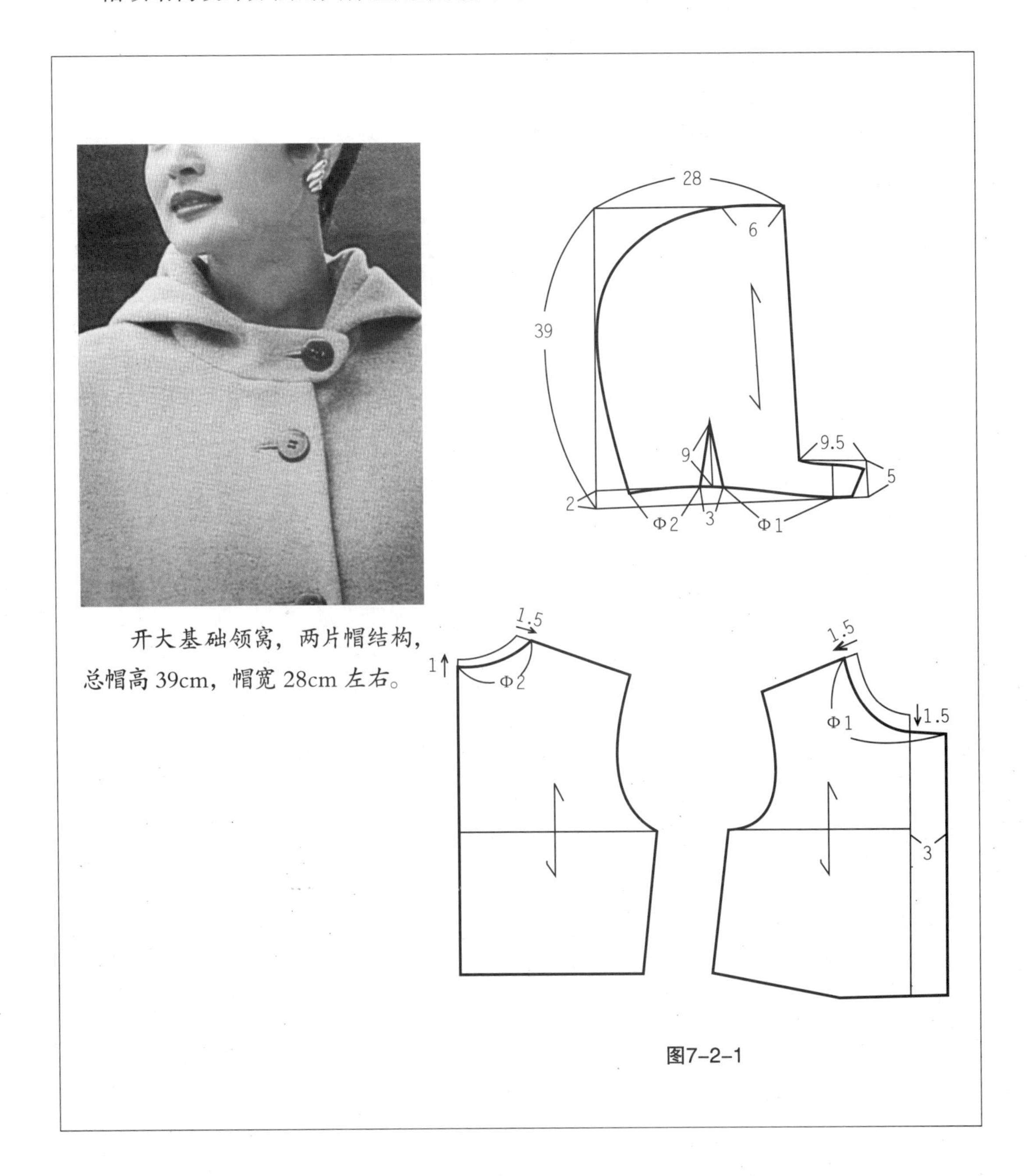

开大基础领窝，两片帽结构，总帽高 39cm，帽宽 28cm 左右。

图7–2–1

开大基础领窝，两片帽结构，帽高35cm，帽宽24cm左右。

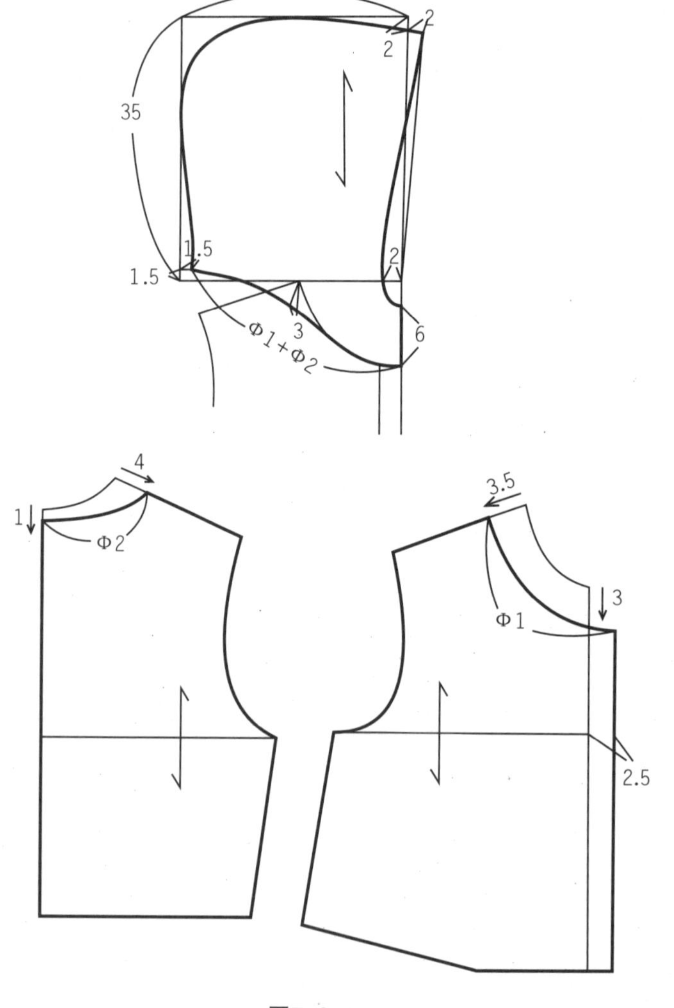

图7-2-2

开大基础领窝，三片帽结构，总帽高34cm左右，总帽宽25cm左右。

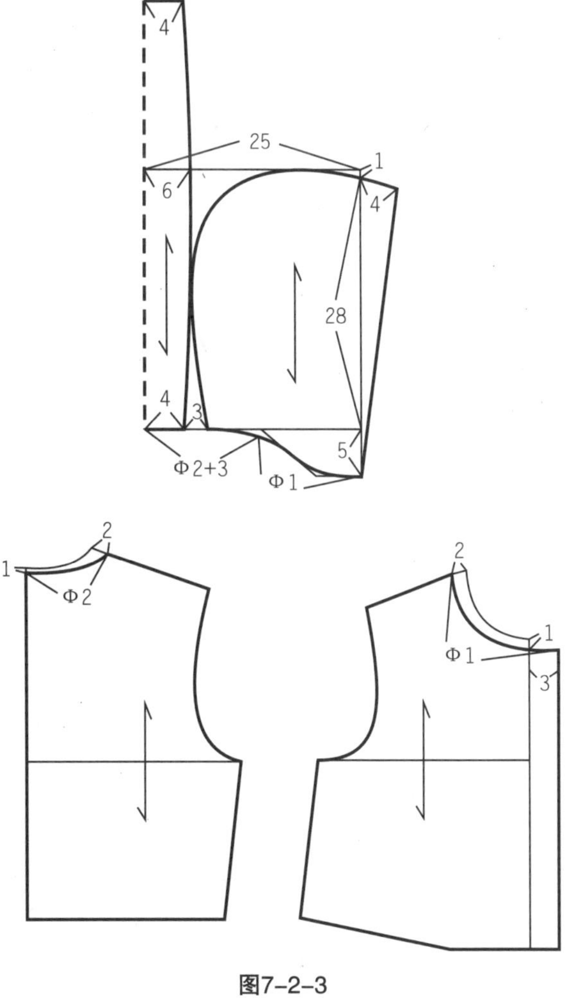

图7-2-3

略开大基础领窝，两片帽结构，在帽高32cm左右的基础上切展帽外沿10cm左右，总帽宽29cm左右。

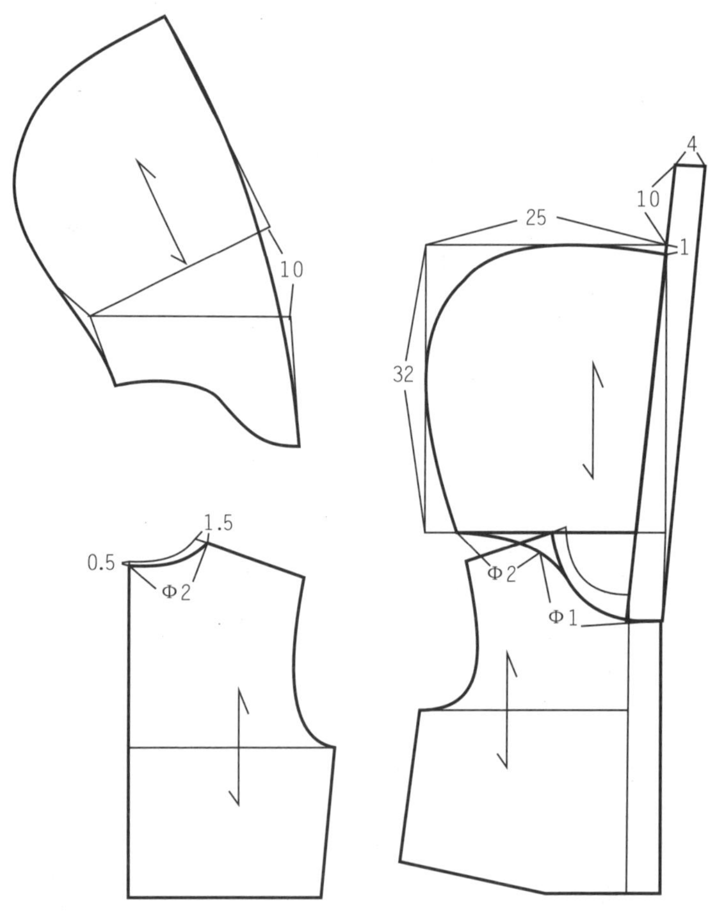

图7-2-4

略开大基础领窝，三片帽结构，总帽高32cm左右，总帽宽27cm左右。

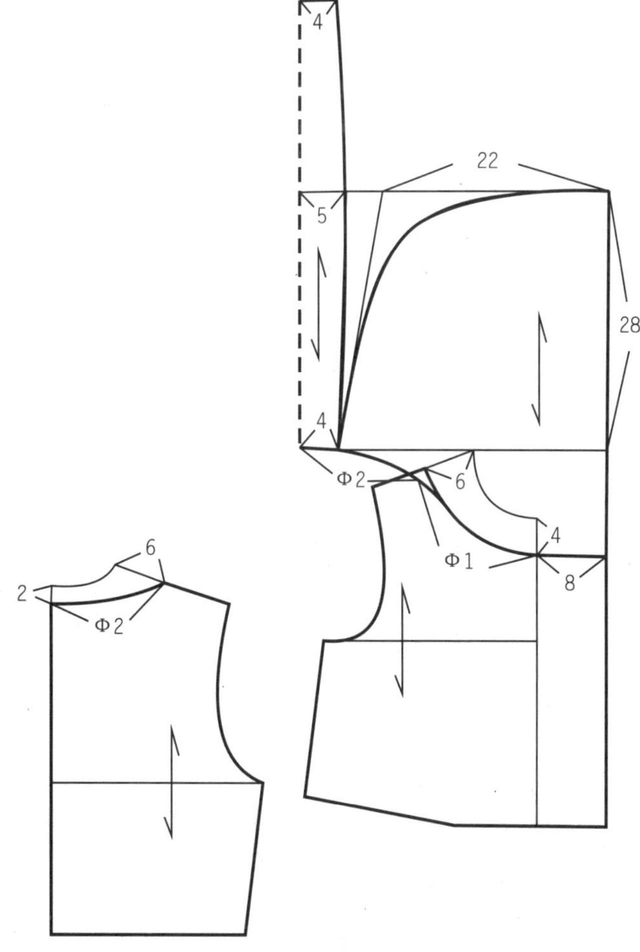

图7-2-5

略开大基础领窝，两片帽结构，在帽高32cm左右的基础上切展帽外沿4cm左右，帽宽28cm左右的基础上对前端帽领底线做切展处理。

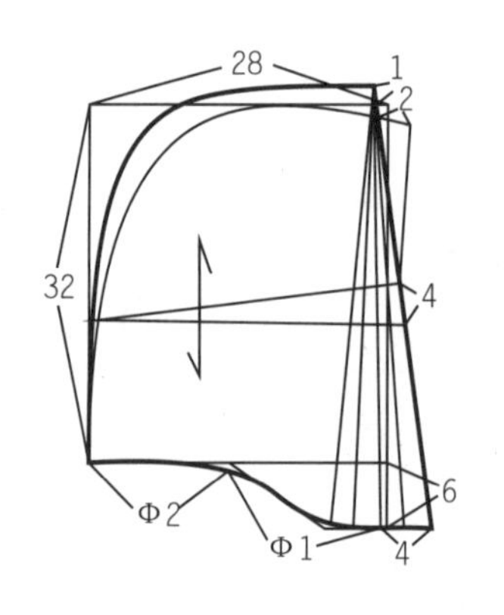

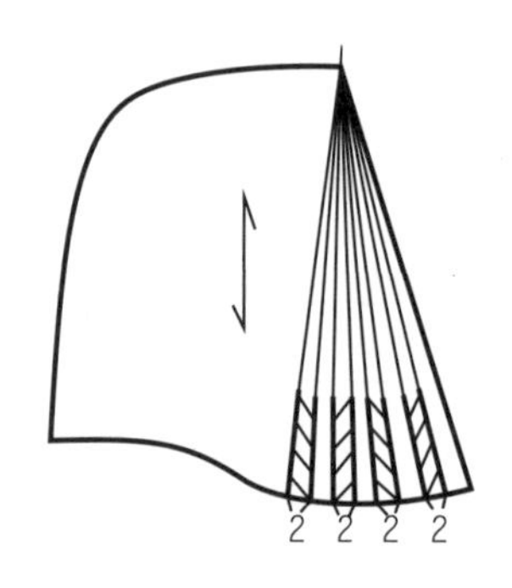

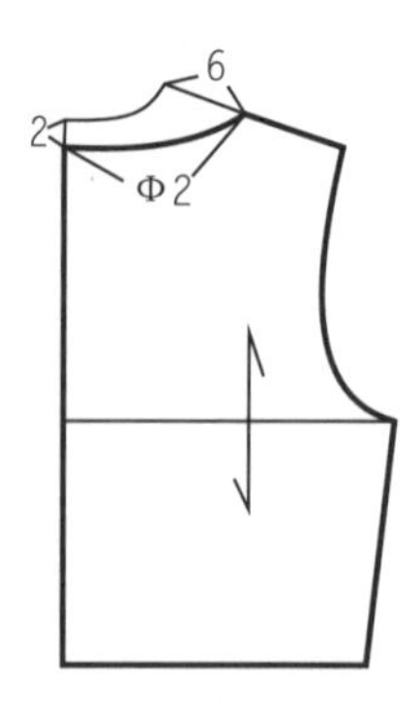

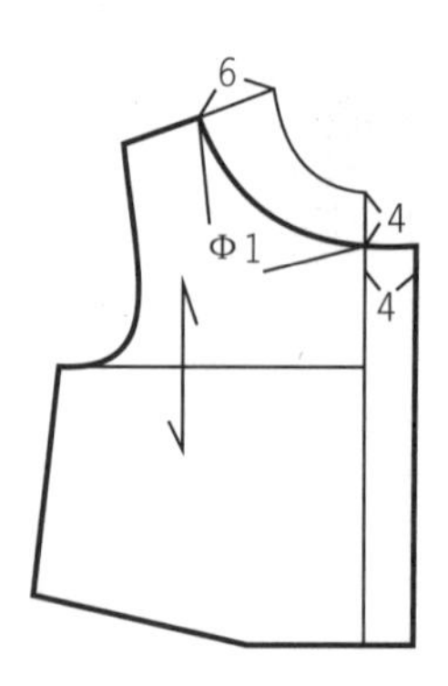

图7-2-6